Çocuğumun İsmi Ne Olsun?

İstanbul 2002,

Ay Yayınevi : 01
Yaşam Dizisi : 01

Kapak : Medine Efe
Baskı : Umut Matbaası

ISBN 975-8743-00-7

AY YAYINEVİ
Çatalçeşme Sokak Defne Han, No: 27/12
34410 Cağaloğlu/İST.
Telefon: 0 212. 528 47 53
Faks: 0 212. 512 33 78

Çocuğumun İsmi Ne Olsun?

Ömer Gencer

AY yayınevi

İçindekiler

İ

J

K

L

M

N

O

Ö

P

R

S

Ş

ÖNSÖZ

Çocuk doğduğunda annesi veya babası ona bir ad verir. Ebeveynin evladına karşı görevlerinden birinin, ona güzel bir ad vermek olduğunu biliyoruz. Kararlaştırılan adın, mensup olunan toplumun kültürel ve dini değerlerine, adet ve geleneklerine aykırı bir anlamı içermemesine dikkat edilir. Zira çocuk, hayatı boyunca taşıdığı bu adla çağrılır, böyle anılır ve tanınır.

Çocuğa ad konurken, kimi zaman dini anlamları olan adlar tercih edilir. Toplumlar dini inançları ve kültürleri gereği, kutsal saydıkları bazı kişilerin veya nesnelerin adlarını seçerler. Sözgelimi, bizde Muhammed, Ahmet, Süleyman, Yusuf, İbrahim gibi peygamber adlarının yanında, bazı İslam büyüklerinin, velilerin veya alimlerin adları yoğun şekilde kullanılır. Bunun yanısıra, tabi olduğumuz dinin içerdiği kavramlar da sıklıkla tercih edilir.

Tarih boyunca insanlar, tabiat adlarını, bazı gök cisimlerinin (yıldızlar, gezegenler, ay, güneş) adlarını da yeni doğan çocuklarına vermekten çekinmemişlerdir. Buna insanın üstün yeteneklerini ve özelliklerini öne çıkaran bazı kavramları da ekleyebiliriz. Mesela, cesaret, güç, kavrayış, ağırbaşlılık, sevgi, cömertlik gibi bazı olumlu anlamları olan kelimelere dayanan adlar...

***

Tarihte güzel diye nitelendirebileceğimiz adlar kadar, bazı toplumlarda olumsuz manaları olan isimler de kullanılmıştır. Yapılan bazı araştırmalara göre, insana itici gelen, çirkin veya insanın onurunu zedeleyici bir takım isimlerin tercih edildiği de görülmüştür.

Kitabımızı hazırlarken mümkün olduğu kadar bu türden olan isimlere yer vermemeye özen gösterdik. Ya da anlamını öz ve kısa biçimde vermekle yetindik.

Kitapta binlerce ad yer almaktadır. Ki bunlardan çoğuna günümüzde halen ilgi gösterilmektedir. Aileler, genellikle bu adları, yeni doğan çocuklarına vermeyi kararlaştırırken, hangi anlama geldiğini bilmektedir. Bazı adlar da hoş manalar ihtiva etmekteyse de az tanınmakta; dolayısıyla o oranda az kullanılmaktadır.

Çalışmamızda önce erkek, sonra kadın adları ve anlamlarını alfabetik sıraya göre sunduk. Çocuklarına anlamlı ve kulağa hoş gelen bir ad bulmak için kitabımıza başvuranlar, yaprakları çevirirken, sağlıklı bir yöntemle düzenlenmiş bir çalışmayla karşı karşıya olduklarını göreceklerdir.

A

Erkek Adları

Abad: Şen, bayındır, çok dolu.

Abak: Bitmiş, tükenmiş. Bembeyaz.

Abakat: Bir tür muzun elyafından çıkarılan iplik. Minalla keneviri.

Abatay: Büyük dağ.

Abaş: Çilli yüzlü, sarı saçlı, renkli gözlü adam.

Abay: Özen, sezgi. Dikkat ve korku bildiren ünlem.

Abbad: İbadet eden, Allah'a kulluk eden.

Abbas: Aslan, gazanfer, sert bakışlı.

Abbaz: Suda iyi yüzen. Yüzmeye yarayan alet.

Abdal: Kendini Allah'a adamış, derviş.

Abdi: Allah'ın kulu.

Abdullah: Allah'ın kulu.

Abdurrahman: Rahman'ın kulu.

Abülalim: Alim (herşeyi bilen Allah'ın) kulu.

Abdülazim: Azim (azametli olan Allah'ın) kulu.

Abdülaziz: Aziz (izzet, şeref sahibi olan Allah'ın) kulu.

Abdülbaki: Baki (sonsuza kadar var olacak olan Allah'ın) kulu.

Abdülbari: Bari (herşeyi en güzel yaratan Allah'ın) kulu.

Abdülbasir: Basir (herşeyi anlayan ve bilen Allah'ın) kulu.

Abdülcebbar: Cebbar (herşeye gücü yeten Allah'ın) kulu.

Abdülcelil: Celil (yüce olan Allah'ın) kulu.

Abdülfettah: Fettah (bütün zorlukları açan Allah'ın) kulu.

Abdülgaffar: Gaffar (çok affedici olan Allah'ın) kulu.

Abdülgani: Gani (sonsuz cömert ve zengin olan Allah'ın) kulu.

Abdülhadi: Hadi (kullarına hidayet eden, doğru yolu gösteren ve onları dileklerine kavuşturan Allah'ın) kulu.

Abdülhak: Hak (varlığı değişmeyen, doğru ve gerçek olan Allah'ın) kulu.

Abdülhakim: Hakim (herşeyin hakikatine vakıf olan Allah'ın) kulu.

Abdülhalik: Halik (herşeyi yoktan var eden Allah'ın) kulu.

Abdülhalim: Halim (kullarına yumuşak ve iyi davranan Allah'ın) kulu.

Abdülhamid: Hamid (övülmeye layık olan Allah'ın) kulu.

Abdülkadir: Kadir (en büyük güç ve kudretin sahibi olan Allah'ın) kulu.

Abdülkahhar: Kahhar (en üstün ve galip olan Allah'ın) kulu.

Abdülkerim: Kerim (en iyi, en faydalı, en şerefli, en yüce ve cömert olan Allah'ın) kulu.

Abdüllatif: Latif (hoş ve güzel olan, en ince işleri yapan Allah'ın) kulu.

Abdülmecid: Mecid (azametli, şerefli ve galip olan Allah'ın) kulu.

Abdülmelik: Melik (kaniatın mutlak hakimi ve sahibi Allah'ın) kulu.

Abdülmennan: Mennan (ihsanı bol olan ve nimet veren Allah'ın) kulu.

Abdülmetin: Metin (metanetli, sağlam olan Allah'ın) kulu.

Abdülmuttalib: Herşeyden haberdan olan Allah'ın kulu.

Abdülvacid: Mümin (kendisine iman edenleri koruyan Allah'ın) kulu.

Abdülvahid: Vahid (tek, eşsiz ve benzersiz olan Allah'ın) kulu.

Abdülvahhab: Vahhab (bağışı ve affı bol olan Allah'ın) kulu.

Abdünnasır: Nasır (yardım edenlerin en hayırlısı olan Allah'ın) kulu.

Abdürrahim: Rahim (kullarına karşı merhametli davranın, onları koruyan ve bağışlayan Allah'ın) kulu.

Abdürrauf: Rauf (esirgeyen, bağışlayan, merhamet eden Allah'ın) kulu.

Abdürreşid: Reşid (kullarına doğru yolu gösteren Allah'ın) kulu.

Abdürrezzak: Rezzak (yaratılmışların rızıklarını veren Allah'ın) kulu.

Abdüssamed: Samed (herşey kendisine muhtaç olduğu halde, kendisi hiçbir şeye ve hiç kimseye muhtaç olmayan Allah'ın) kulu.

Abdüsselam: Selam (bütün tehlikelerden uzakta, selamette olan ve kullarını selamete çıkaran Allah'ın) kulu.

Abdussettar: Settar (günahları örten, kusurları bağışlayan Allah'ın) kulu.

Abid: Allah'a ibadet eden.

Abidin: İbadet edenler. Kullar, köleler.

Abtekin: Sular prensi.

Abuzer: Altın gibi baba.

Acabay: Başkan, saygı gösterilen büyük.

Acabey: Güçlü, başladığı işi bitiren kişi.

Acahan: Bazı Türk kabilelerinde amca, büyük, saygıdeğer.

Acar: Çevik, güçlü, gürbüz, atılgan ve becerikli.

Acarbey: Çevik, güçlü, yiğit.

Acarkan: Delikanlı, cesur genç..

Acaröz: Yiğit özden gelen.

Aclan: Aceleci, çabuk hareket eden.

Acun: Dünya, kainat.

Açıl: Geleceği aydınlık.

Adahan: Adanın Hanı, hakimi.

Adak: Bir şeyin oluşumuna karşı vadedilen, adanan şey.

Adal: Nam kazan, ün al.

Adem: Adam, insan. Allah'ın yarattığı ilk insan.

Adetullah: Dinin adeti, kanunu.

Adıbelli: Adı bilinen, belli.

Adıgüzel: Güzel adlı, hayırlı.

Adısönmez: Adı hiçbir zaman unutulmayan.

Adıvar: Tanınmış, isim yapmış, ünlenmiş.

Adil: Adalete uygun hareket eden. Hakkı teslim eden, adalet sahibi olan.

Adilgiray: Kırım Hanı.

Adilhan: Adaletle hükmeden yünetici.

Adlı: Ünlü, isim yapmış.

Adnan: Cennetin yüksek mevkilerine verilen ad, yerleşmek yurt edinmek.

Adni: Cennete girmeyi haketmiş.

Afak: Ufuklar.

Affan: Çirkinlikten, kötülükten, haramdan uzak olan.

Afgan: Çabuk sinirlenen, çabuk heyecanlanan.

Afif: Namuslu, dürüst, temiz.

Afşar: Çabuk, çevik.

Afuv: Af edici, merhametli.

Agah: Bilgili, haberdar.

Ağa: Zengin, sözü geçen bey. Büyük erkek kardeş.

Ağabay: Zengin ağabey.

Ağacan: Gönlü zengin.

Ağahan: Zengin, cömert, saygıdeğer han.

Ağakay: Çok yağmurlu hava.

Ağan: Akan (yıldız).

Ağaner: İçinde kötülük olmayan, saf temiz kimse.

Ağar: Ağırbaşlı, bembeyaz, tertemiz. Günahsız.

Ağca, Ağça: Rengi beyaza çalan.

Ağırtaş: Ağırbaşlı, oturaklı kişi.

Ahlas: Katışıksız, saf halde. İyi niyetli.

Ahmed, Ahmet: Çok övülmüş, beğenilmiş, minnetle anılan.

Ahmetcan: Can Ahmet, canım Ahmet.

Ahmetşah: Şah, padişah Ahmet.

Ahmer: Al, kırmızı, kızıl.

Ahmes: Kahraman, cesaretli, yiğit.

Ahnef: Çarpık bacaklı.

Ahsen: Güzel, yakışıklı, herkesten güzel.

Ahteri: Yıldızlarla ilgilenen, yıldızlara mensup.

Ahund: Din alimi, bilgili hoca, efendi büyük.

Ahver: Zeki, akıllı.

Ahves: Kahraman, cesaretli, yiğit.

Ak: Beyaz, pak, temiz, namuslu, lekesiz.

Aka: Büyük, ağa. Saygı duyulan. Tecrübeli savaşçı.

Akabay: Saygıdeğer zengin.

Akabey: Saygıdeğer bey.

Akalp: İyiliksever, dürüst, yiğit.

Akan: Hareket eden, akan.

Akarca: Ara sıra akan su.

Akasoy: Saygıdeğer soy.

Akay: Adam, erkek. Beyaz ay.

Akaydın: Temiz ve aydınlık.

Akbal: Saf ve lekesiz, yüksek karakterli. Beyaz bal.

Akbar: Işık saçan.

Akbaş: Beyaz baş. Şahinden büyük av kuşu. Darı.

Akbatu: Yiğit, erkek kişi.

Akbatun: Yiğit, erkek, cesur insan.

Akbatur: Güçlü, bahadır.

Akbay: Namuslu ve zengin.

Akben: Uğurlu, barışçı.

Akbilge: Değerli ve kutlu din bilgini.

Akboğa: Beyaz boğa. Boğa gibi kuvvetli, temiz insan.

Akbora: Zararsız fırtına.

Akbudun: Temiz millet, asaletli soydan gelmiş.

Akbuğ: Saçı sakalı savaşlarda ağarmış, muharip

Akbulut: Beyaz renkli bulut. Uğurlu olduğuna inanılan bulut.

Akburak: Beyaz, temiz Burak. Peygamberimizin Miraca giderken bindiği at.

Akburç: Falcılıkta uğurlu sayılan burç.

Akcan: İyi kalbli, samimiyetine inanılan.

Akcebe: Beyaz zırh. Beyaz zırh giyen.

Akcivan: Beyaz genç. Saygı duyulan delikanlı.

Akçay: Beyaz su, duru su.

Akçura: Ak soylu. İyi ruhlar.

Akdemir: Demir gibi sağlam, güçlü, iyi kalbli.

Akdil: Gönlü temiz.

Akdoğan: Beyaz doğan. Yırtıcı kuş.

Akdoğu: Aydınlık, kutlu doğu.

Akdur: Günahsız yaşa.

Akel: Beyaz, uğurlu el.

Aker: Temiz kişilikli.

Akergin: Gelişmiş, olgunlaşmış, saygı duyulan erkek.

Akersoy: Soyundan mert insanlar yetişen kişi.

Akgiray: Han soyundan gelen. Barışsever han.

Akgüç: Temiz, kutlu güç.

Akgün: Uğurlu, kutlu gün, herkesin sevindiği zaman.

Akhan: Kutlu, soylu han.

Akhun: Akhun boyundan. Helal ve lekesiz zenginlik.

Akıalp: Yiğitlerin başı.

Akıman: Yiğit, cömert.

Akın: Düşman ülkelerine yapılan atlı sefer. Bolluk.

Akınal: Akınca katıl.

Akınalp: Akıncı yiğit başı.

Akıncı: Düşman ülkelerinin sınırlarına akın yapan savaşçılar.

Akıner: Akına katılan er.

Akif: Sebat eden. İbadet eden.

Akil: Akıllı, zeki. Rüşdünü ispat etmiş.

Aklan: Irmak havzası, sıradağların yamaçlarından her biri.

Akkan: Soylu, saf kan.

Akkerman: Beyaz kale, barış kalesi.

Akkor: Işık saçan beyaz ateş, kutlu, uğurlu ateş.

Akman: Lekesiz, temiz.

Akmercan: Beyaz mercan.

Aksoy: Yüksek ve iyi soydan gelen. Soyca kutlu, uğurlu.

Aksu: Temiz, berrak, su gibi kutlu ve uğurlu. Gerek dost. İyiliksever.

Akşemseddin: Dinin güneşi.

Akşid, Akşit: Ak güneş, kutlu, mübarek.

Aktaç: Beyaz taç, barış tacı.

Aktan: Beyaz, parlak tan.

Aktuğ: Beyaz tuğlu. Barış bayrağı.

Aktunç: Beyaz tunç. Tunç gibi asğlam karakterli. İstikbali parlak.

Akyel: Beyaz rüzgar, lodos.

Ala: Yüksek, şanlı, şerefli.

Alacan: Cana yakın, yüce kişi.

Alaeddin: Dinin yüce kişisi, şereflisi, büyüğü.

Alangu: Yorgun, yorulmuş. Akgeyik.

Alatlı: Kırmızı atlı. Heybetli.

Alaz: Alev.

Aldoğan: Kırmızı doğan.

Alemdar: Bayrak taşıyan kişi.

Alemgirşah: Bayraklı hükümdar.

Alemşah: Dünyanın hükümdarı, şanı.

Algan: Fetheden, alan, zapteden.

Algın: Delice akan su, sıcak kanlı, güçlü beğenilen.

Alguhan: Beşinci Çağatay Hükümdarı.

Algün: Gün doğarken veya batarken doğan çocuk.

Alınak: Özü sözü doğru, itimatlı, güvenilir.

Ali: Üstün, yüce, şerefli.

Alican: Can Ali, Can Aliciğim.

Aligüher: Cevheri, yaradılışı kıymetli.

Alim: Bilgin, çok okumuş.

Alişah: Yüce, ulu padişah.

Alişan: Şan ve şerefi yüce.

Alişir: Yüce, güçlü arslan.

Aliyar: Yüce, bü yük dost Çok sevilen dost.

Alkan: Göz alıcı kırmızı kan.

Alkım: Eleğimsağma, gökkuşağı.

Alkın: Seven, sevdalı, aşık.

Alkor: Kıpkırmızı ateş, köz.

Alkur: Bütün herkes, birşeyin tamamı.

Allahverdi: Allah'ın bağışladığı.

Alp: Yiğit, bahadır, ulu.

Alpagu: Hakan yanında itibarlı beyler. Tek başına düşmana dalan cesur savaşçı.

Alpagut: Malı mülkü olan.

Alpagan: Kahraman, yiğit.

Alpak: Dürüst ve kahraman.

Alpars: Kırmızı pars.

Alparslan: Arslan gibi güçlü yiğit.

Alpay: Kahraman, cesur, yiğit.

Alpaydın: Yiğit, kahraman, bilgili.

Alpbilge: Bilgili. Yiğit kahraman. Alim.

Alpçetin: Kahraman, dirençli, yiğit, sert.

Alpdemir: Kahraman, demir gibi sağlam, dirençli.

Alpdoğan: Kahramanlığı doğuştan, yaratılıştan kahraman.

Alper: Yiğit, cesur ve kutlu asker.

Alperen: Ulu, ermiş yiğit.

Alpgiray: Övülmeye layık yiğit.

Alphan: Yiğit, kahraman padişah.

Alpsoy: Yiğit ve kahraman soy.

Alptekin: Yiğit prens.

Alptuğ: Yiğit ve kahramanlığı sebebiyle padişah tarafından kendisine tuğ verilen.

Altan: Alt eden, yenen. Kızıl tan. Altın.

Altaner: Şafak söküşüne benzetilen. Yiğit ve kahraman bir savaşçının yönetimindeki başarısı.

Altay: Altın dağ, kızıl renkli yüksek dağ. Al renkli tay.

Altemur: Kızgın, al demir.

Altınay: Parlak ay, dolunay.

Altıner: Altın kalbli erkek.

Altuğ: Kızıl tuğ. Kırmızı sancak, bayrak.

Altuna: Kırmızı Tuna. Tuna nehrinin gün doğarken ve batarkenki görünümü.

Altunay: Parlak ay.

Altunç: Gözbebeği çevresi kırmızı olan. Bakır ve kalay alaşımı.

Altuner: Altın gibi değerli, faziletli kişi.

Altunhan: Tebaasına iyi hizmet eden, sosyal seviyelerini yükselten hükümdar.

Alya: Tepe üstü, gök.

Amer: İman etmek, uzun ömürlü olmak.

Amid: Şef, önder, komutan. Diyarbakır'ın eski adı.

Amil: Yapan, işleyen, tesir eden sebep. Zekat tahsil eden devlet memurları.

Amir: Emir vermeye yetkili. İmar eden.

Ammar: İmar eden, mamur yapan.

Amr: Çok yaşamak, uzun ömür sürmek.

Amul: Rahat, sakin, yumuşak başlı, halim, selim.

Amuz: Bildiğini öğreten kişi.

Andaç: Armağan, hatırda kalanlar.

Andak: Çabuk, hemen, anında.

Anday: Ay üzerine yemin.

Anıl: Hatırlanan, meşhur, ünlü.

Anif: Sert, hırçın. Belirtilen. Yakından hızlı geçen.

Anlı: Ünlü, namlı, sanlı.

Apalak: Tombul, semiz, iri çocuk.

Apaydın: Çok ışıklı, aydınlık. Saklısı gizlisi olmayan.

Araf: Cennet ve cehennem arasında kalan yer.

Arafat: Mekke'nin doğusundaki dağın adı.

Aramdil: Güzel, sevilen yer.

Aras: Kalın yün. Pazartesi.

Arat: Ahali, topluluk, bölge, mıntıka, cesaret, korkusuzluk. Tam parlak ay.

Arbaş: Dertsiz baş, huzurlu insan.

Arbay: Her bakımdan huzurlu.

Arbek: Veliahd mürebbisi. Hoca, terbiyeci.

Arca: Tahta sandık. Çam ağacı.

Arda: Toplumda dikkat çeken. Sonra gelen.

Ardan: Temiz huy, iyi karakter.

Ardıl: Peşpeşe, arka arkaya.

Arel: Temiz, dürüst insan.

Arhan: Üstün, onurlu hükümdar.

Arıcan: Ahlaklı, dürüst insan.

Arıç: Huzurlu olma, emniyetli.

Arıer: Saf, dürüst, çalışkan insan.

Arıhan: Sevilen, iyi, dürüst hükümdar.

Arıkut: Asaletli, saygı duyulan, temiz.

Arıman: Kötü şeylerden arınmış, iyi huylu.

Arın: Çehre, sima, temiz, saf.

Arınç: Saflık, temizlik.

Arısal: Arı gibi çalışkan, faydalı.

Arısan: Karakterli, edepli temiz insan.

Arısoy: Soyu temiz karakterli.

Arıtan: Arıtma işini yapan, temizleyen. Sis ve bulutsuz şafak söküşü.

Arif: Bilgili, bilgi sahibi. Uyanık.

Arkan: Soylu, temiz kanlı soydan gelen.

Arkın: Arkası sağlam, güçlü.

Arkut: Kutlu, uğurlu, temiz.

Armağan: Hatıra, hediye, ödül. Anı. Birisini esvindirmek için verilen ihsan.

Arman: Eziyet, sıkıntı, hasretlik, özlemek, nedamet, üzüntü.

Arsal: Dürüst, iyi huyu, namuslu.

Arsebük: Tecrübesiz, iyi ruhlu, eli çabuk, namuslu, titiz.

Arslan: Aslan. Ormanda yaşayan yırtıcı bir hayvan.

Arslanşah: Güçlü, korkusuz, cesur hükümdar.

Arsoy: Üstün ve temiz soy.

Artaç: Dost, aynı meslekten olan, arkadaş.

Artağan: Umulandan fazla, verimli, bereketli, artıcı, çoğalan.

Artam: Üstünlük sebepleri, özellik.

Asaf: Vezir. İleri görüşlülük, üstünlük.

Asal: Esas, temel, ana unsur.

Asfa: Katışıksız, temiz, saf.

Asım: Günah işlemeyen, haramdan uzak yanına ulaşılması mümkün olmayan.

Asil: Temiz soylu, soyu belli, katışıksız.

Asri: Asra uygun, zamane.

Asutay: Sert mizaçlı tay.

Aşık: Allah sevgisi ile dolu kişi.

Aşkın: Üstün, seçkin, emsallerinden ileri aşmış. Yaşıtlarından ilerde olan.

Aşkıner: Üstün, seçkin, emsallerinden ileri.

Ata: Baba, babadan önceki büyükler.

Atabay: Saygıdeğer.

Atabek: Soylu, saygın.

Atabey: Saygıdeğer, soylu bey soyundan.

Atacan: Babacan, hoşgörü sahibi.

Ataç: Atalarına benzeyen. Büyüklük gösteren.

Atahan: Soylu, sevilen han.

Atak: İleri atılan, gözü pek, cüretkar, her işe atılan.

Atakan: Soylu, atalarının kanını taşıyan. Atılgan.

Ataker: Her işe atılan korkusuz erkek.

Ataklı: Tanınmış, namı her yana yayılmış.

Atakol: Kabilenin bir atadan inen kolu.

Atakut: Kutlu Ata, mukaddes büyük.

Atal: Atalarla ilgili, onlardan gelen kültür.

Atalan: Atalarına özenip onlar gibi olmak.

Atalay: Ünlü, eksiksiz, tam.

Ataman: Büyük baba, büyük ve soylu kişilikli.

Atamer: Mert, dürüst ata.

Atan: Savurup fırlatan nişancı.

Atanç: Ataların hareket ve tavırlarında olmak.

Atanur: Atalarından nur ve ışık alan.

Atasagun: Hekim, doktor.

Atasan: Atalara saygı ve sevgi beslemek.

Atasay: Atalara saygılı olmak.

Atasoy: Atası gibi soylu.

Ataol: Saygın, soylu ol.

Ataullah: Allah'ın bağışı, ihsanı.

Atav: Herkesçe saygı duyulan ata, öğülen, geçmişte kalmış büyükler.

Atay: Tanınmış, ünlü.

Atıf: Şefkatli, merhametli. Eğilimli. Beğenen. Beğenilen.

Atıl: İşlemez, boş, tembel. İşe yaramaz.

Atılay: Atılgan ay yüzlü. Ünlü, şöhretli.

Atılgan: Yürekli, cesur, meraklı, atak.

Atışkan: Karşılıklı atış yapan, atış meraklısı, sözle kavga eden.

Atik: Çevik, çok hızlı. Hür.

Atilla: Savaşçı, cenkçi. Ünlü kişi.

Atlan: Ata bin, at sahibi ol.

Atlıhan: Ata binmiş, hükümdar, süvari.

Attaf: İyi ahlaklı, merhametli, herkese acıyan.

Atuf: Acıyan, merhametli.

Avni: Yardım eden.

Avşin: Kekik otu.

Avnullah: Allah'ın yardımı.

Avvad: Ud çalan çalgıcı.

Ay: Hilal, kamer, yılın onikide biri.

Ayalp: Ay gibi güzel, yiğit erkek.

Ayan: İleri gelen seçkinler, herkesin görüp bildiği şeyler.

Ayaşan: Namı sanı yükselen, başarılı.

Ayaydın: Ayın ışığı, aydınlatması.

Ayaz: Kuru soğuk, keskin dondurucu soğuk.

Aybaran: Kudretli, kuvvetli, güçlü.

Aybars: Ay gibi gösterişli Pars.

Aybay: Ay yüzlü zengin.

Aybek: Ay yüzlü bey. Aydın, münevver, bilgili.

Ayberk: Güçlü ve sağlam ay yüzlü.

Aybey: Ay yüzlü, aydın bey.

Aycan: Ay yüzlü.

Aydın: Işıklı, nurlu, bilgili, kültürlü, münevver.

Aydınalp: Kahraman, bilgili.

Aydıner: İlim ehli, kültürlü kimse.

Aydınol: Okumuş, kültürlü ol.

Aydıntan: Şafak vakti aydınlığı.

Aydil: Ay gönüllü, gönlü ışık ve sevgi dolu.

Aydinç: Cesur, bilgili kimse.

Aydolun: Dolunay.

Ayerdem: Ahlaklı, erdemli, aydın kimse.

Aydoğan: Doğumuyla nur ve uğur getiren.

Aydoğdu: Doğumuyla nur ve uğur getirdi.

Aygün: Ay ve güneş gibi aydınlık yüzlü. Gönülden, yürekten dost.

Aykaç: Başkasına akıl veren, ozan, şair.

Aykut: Ödül, mükafat, iyiliğin karşılığı, mübarek, kutlu ay.

Aykutalp: Ödül verilen kahraman, kıymetli yiğit.

Ayman: Ay kadar güzel kimse.

Ayni: Göz ile ilgili, karşılığı mal ile verilmiş.

Aysan: Ay simalı, yüzü ay gibi.

Aysungur: Gösterişli sungur, doğan cinsi kuş.

Aytaç: Başa giyilen aya benzer başlık, taç..

Aytek: Aya benzer, seçilmiş en iyi ay.

Aytekin: Ay gibi tek, değerli ve kutlu. Ay yüzlü prens.

Aytuna: Tuna ırmağının dolunaydaki görünüşü.

Aytunca: Tunca nehrinin dolunaydaki görünümü.

Aytün: Gece ayın bulutla kapanıp kararması.

Ayvaz: Yakışıklı ve güzel erkek.

Ayverdi: Aydınlık, ışık, nur ve ilim saçtı.

Ayzer: Ay ışığının altın renginde olduğu an.

Azad: Kurtulmuş. Hürriyetine kavuşmuş köle.

Azam: Büyük, ulu.

Azameddin: Dinin büyüğü.

Azamet: Büyüklük, ululuk.

Aziz: Yenilmesi imkansız. Çok sevilen, çok şerefli. Veli, ermiş.

Azmi: Kesin kararlı. Her konuda azimli.

Azraf: Nazik, ince, zeki, akıllı.

Azrak: Azca, daha az, nadir, seyrek, kıt, çok az olarak.

Azref: Çok nazik, çok zeki, çok ince.

Azzam: Çok büyük, çok ulu.

A

Kız Adları

Abbase: Dişi aslan. Sert, çatık kaşlı. Keskin bakışlı.

Abide: Anıt.

Absar: Çağlayan.

Acarbeagüm: Sevimli, becerikli hanımefendi.

Acla: Aceleci, eli çabuk.

Açangül: Yeni açan, gonca gül.

Açelya: Yılbaşı çiçeği.

Açılay: Serpilen ay yüzlü. Ay ortasında doğan.

Adalet: Hak ve hukuka uygunluk. Hak dağıtma. Haktan yana olma.

Adıgüzel: Güzel bir isim yapmış, ünlenmiş, beğenilmiş.

Adile: Adaletli hareket eden, doğruluktan asla ayrılmayan.

Afet: İnsanın başına aşk belası açacak güzel.

Afife: Namuslu, temiz, iffetli.

Afitab: Güneş gibi parlayan, güzel.

Afra: Basılmamış beyaz toprak. Ayın onüçüncü gecesi.

Aftabe: Güneş şeklinde mücevher.

Ağabegüm: Zengin, saygı duyulan hanımefendi, hayırsever kadın.

Ağahanım: Zengin hanım. Kocası ölmüş, aile reisi hanım.

Ağahatun: Varlıklı, zengin, hayırsever hanım.

Ağan: Akan yıldız, uçan, göğe yükselen. Uçup gözden kaybolan.

Ağbet: Ak yüz, ak benizli. Yüzü nurlu.

Ağla: Beyazımsı tenli.

Ağçiçek: Akçiçek. Beyaz renkli çiçek.

Ağyüz: Ak benizli, ak betli, ak yüzlü.

Afşar: Çabuk, çevik, eli tez.

Ahenk: Uygunluk, uyum, düzen.

Aheste: Ağır,yavaş, telaşsız.

Ahsen: Pek güzel, en güzel.

Ahter: Yıldız.

Ahu: Ceylan, maral.

Ahudil: Ceylan yürekli.

Ahududu: Ağaç çileği. Böğürtlene benzer kırmızı renkli, duta benzeyen bitki.

Ahzar: Yeşil.

Aişe: Ömrü rahat geçen, sıkıntısız yaşayan. Hz. Ebubekir'in (r.a.) kızı, Peygamberimizin (s.a.v.) hanımıdır.

Ajda: Çentik, delikli ve diş diş olan eşya.

Akabe: Sarp geçit, dik yokuş.

Akaltın: Ak renkli altın.

Akarsu: Kesintisiz akan su, dere, pınar.

Akasya: Gölge ve yeşillik için dikilen, baklagillerden sıra yapraklı, çiçeği kokulu ağaç.

Akbal: Oğul balı, arı oğulunun ilk balı, beyaz bal.

Akben: Gözbebeğinde leke hastalığı. Beni ak olan.

Akcan: Doğru, iyi ahlaklı kadın.

Akçakız: Ak tenli kız. Uğurlu, kutlu kız veya gelin.

Akçıl: Rengi beyazımsı, rengi ağarmış.

Akçiçek: Ak renkli çiçek.

Akgelin: Beyaz gelin, uğurlu, becerikli, beyaz tenli gelin.

Akıle: Diyet ödeyen.

Akide: İtikad, iman. Çeşitli renk ve kokuda şeker.

Akife: Dünya dertlerinden sıyrılıp ibadet için bir kenara çekilen. Kendini ibadete veren.

Akile: Akıllı, çok akıllı.

Aksa: Uzakta bulunan, ırak.

Aksen: Ak olan, temiz, hayırlı olan.

Aksevil: Her zaman sevilen, herkesin sevdiği.

Aksu: Duru, temiz su, berrak akarsu.

Aksultan: Günahsız, temiz, lekesiz Sultan.

Aksuna: Yaban ördeğinin süzülüşünü andıran yürüyüşlü.

Akyıldız: Beyaz, temiz yıldız. Çoban yıldızı, sabah yıldızı.

Alagöz: Cesur, yiğit, ela gözlü kız.

Alamet: Sembol, belirti, iz, işaret.

Alanur: Alacalı ışık. Parıltı.

Alaz: Ateş yalımı, alev, ateş ili.

Alev: Ateş. Yalım, yalaz.

Alime: Bilgin kadın. Çok okumuş, her konuda bilgili, aydın, münevver.

Aliye: Yüksek, yüce.

Altın: Altın gibi kıymetli.

Amile: Amil olan. Yapan, yapıcı, mükellef.

Amine: Yüreğinde korku olmayan. Güven içinde olan. (Hz. Peygamber'in annesinin adı).

Amire: Emreden. İmar eden, onaran.

Anber: Güzel koku. Güzellerin saçı. Adabalığı kokusu.

Andaç: Hediye, armağan.

Anıl: Hatırlanan, anılan, meşhur.

Anife: Şiddetli, sert karakterli. Çok y akından değercesine süratli geçen.

Anise: Ünsiyetli, cana yakın.

Anlı: Gösterişli, anlı şanlı.

Aram: Sükunet, d inlenme, huzur. Oturma, sakin olma.

Arca: Ayağı sakat, topal. Namuslu, temiz, iffetli.

Arife: Bilgili.

Armağan: Hediye, bağış, ödül olarak verilen.

Arrafe: Müneccim, falcı kadın. Kahin kadın.

Arziye: Yer ile toprakla ilgili. Bir şey sunma.

Arzu: İstek, dilek, özlem.

Asfiya: Saflık, takva ve kemalat sahibi olan kadın.

Asıma: Haram işlemeyen, yanına erişilemeyen.

Asime: Şaşkın.

Asiye: Hüzünlü, kederli, üzüntülü. İçine kapanık.

Aslı: Soyca değerli, köklü.

Aslıhan: Hükümdar soyundan olan kadın.

Asra: Öte, karşı, aşağı, ileri, alt.

Asu: Hırçın, yaramaz, cana yakın.

Asude: Rahatlamış, sıkıntıdan kurtulmuş.

Asuman: Gök, sema.

Aşere: On.

Aşkın: Filiz. Asma dalı.

Atıfet: Sevgi, esirgeme, acıma, şefkat gösterme.

Atife: Yüzünü çeviren, döndüren.

Atıke: Ağırbaşlı. Olgun.

Atiye: Verme, bağışlama.

Atşan: Susamış, susuz kalmış.

Atyeb: Çok güzel.

Avaze: Yüksek ses, nara, bağırma.

Avize: Renkli ışık veren lamba.

Avşar: Oğuzların bir kolu.

Ay: Işığını güneşten alıp dünyaya veren gök cismi. Güzel yüzlü.

Ayanfer: Gözün görmesi, ışığı.

Ayasun: Ay gibi parlak. Ay gibi güzel.

Ayben: Yüzü ay gibi.

Aycihan: Cihanı aydınlatan.

Ayça: Aya göre, ölçü ay olarak, ay gibi. Aya benzer.

Ayda: Işıklar içinde, ay yüzlü. Çayırlarda ve dere kenarlarında yetişen çiçekli bir bitki.

Aydan: Güzelkonuşan. Kutlu, geleceği parlak. Ay yüzlü güzel.

Aydanur: Ayın ışığı.

Aydınay: Işıklı ay, çok ışıklı ay.

Aydilek: Aydınlık, temiz, iyi dilek. Dileğine ulaşan.

Aydoğdu: Doğan ay, yeni doğmuş ay.

Ayfer: Ay ışığı.

Aygen: Temiz yaradılışlı, dost, arkadaş.

Aygül: Ay yüzlü. Güler yüzlü aydın kız.

Aygün: Hem ay, hem güneş kadar gösterişli, ışıklı, parlak yüzlü kadın.

Ayhan: Ay yüzlü önder.

Ayhatun: Ay gibi kadın, ay yüzlü kadın.

Ayla: Zevce. Dönen. Ayın çevresindeki ışık çemberi.

Aylin: Ayın çevresindeki ışık halesi. Ay yüzlü.

Aymelek: Ay yüzlü melek. Ay kadar güzel, melek kadar iyi.

Aynur: Nurlu, uğurlu, uy yüzlü. Ayın nuru, ışığı.

Aypare: Ay parçası.

Ayperi: Ay gibi güzel yüzlü.

Aysel: Işık seli, nur demeti, aydınlık ve ışık saçan.

Aysen: Ay gibi ışıklı, nurlu.

Aysu: Ay gibi güzel, su gibi saf. İyi huylu, ay yüzlü.

Aysun: Ay sun, ışık sun, aydınlat.

Ayşe: Bolluk için rahat yaşayan.

Ayşecan: Canım Ayşe.

Ayşegül: Gülünce yüzünde güller açan Ayşe.

Ayşehan: Han soyundan gelen Ayşe.

Ayşem: Biricik Ayşem.

Ayşen: Şen, neşeli, ay yüzlü güzel.

Ayşenur: Nur saçan Ayşe, aydınlık ve nurlu.

Ayşin: Ayşen'in başka şekilde söylenişi.

Ayten: Teni ay gibi temiz, parlak ve aydınlık.

Aytuğ: Aydınlık, ışıklı, parlak tuğlu.

Aytül: Ay gibi ışıklı, tül gibi şeffaf, hafif.

Aytuna: Ay ışıklarının aydınlattığı nazlı Tuna.

Aytül: Parlak, ışıklı tül. Ay kadar güzel, tül kadar yumuşak huylu.

Ayzer: Altın ay. Altın kalbli ay yüzlü.

Azade: Azat edilmiş, özgür.

Azha: Su havuzları, göller.

Azife: Yaklaşan, yaklaşmakta olan.

Azime: Kesin kararlı, azimli. Bela. Koyu karanlık.

Azimet: Varma, ulaşma, önde gitme. Yemin. Yüksek yerden kesin karar.

Azize: Ermiş, manevi güç kazanmış.

Azmiye: Güçlü, kuvvetli, azimli, Kasdetmiş, azmetmiş.

Azra: El değmemiş, bakire.

Azze: Ceylanın dişi yavrusu. Büyük, şerefli, aziz.

B

Erkek Adları

Babacan: Cana yakın, cesur, iyiliksever, güvenilir.

Babur: Atik, kuvvetli, kaplan cinsinden bir hayvan.

Bağatur: Yiğit, kahraman, cesur. Bagatur şad. Bir Göktürk byi.

Bağdaş: Yere rahat oturma. Yakınlık duyulan dost, arkadaş.

Bağır: Göğüs, sine, kalb, yürek.

Bağış: Karşılıksız verilen, ihsan edilen, karşılığı Allah'tan beklenen.

Bağışhan: Bağlananlar, hibe edilen. Hükümdarın bağışı.

Baha: Değer, kıymet, üstünlük. Güzellik, zerafet.

Bahadır: Yiğit, cesur, kahraman.

Bahadırhan: Kahraman, dilaver, cesur, yiğit, hükümdar.

Bahadırşah: Yiğit kahraman hükümdar.

Bahaeddin: Dinin değerlisi, üstün kişisi. Kıymetli ve güzel.

Bahatur: Bahadır, yiğit.

Bahaullah: Allah katında değerli, üstün.

Babir: Işıklı, güzel, parlak, nurlu, belli olan, açıkta olan.

Bahit: Şansı, kısmeti açık.

Bahra: Timur İmparatorluğunun güney sınırındaki büyük bir kale.

Bahri: Denizci.

Bahtiyar: Mesut, mutlu.

Bakır: Tetkik eden, inceleyen, açıklayan. Arslan. Göz damarı. Geniş. Hz. Hüseyin '..a.) torununun adı.

Baki: Sonu olmayan, ebedi ve kalıcı.

Bala: Çocuk. Bebek. Yüksek, yukarı, üst, tepe, yüce.

Balaban: Çocuk bekçisi, iri cüsseli, gürbüz insan, çakır doğan.

Balaman: İri cüsseli, güçlü gürbüz kimse.

Balamir: Gürbüz iri yarı hükümdar.

Balatekin: İriyarı cesur, asilzade. Şehzade.

Balcam: Bal gibi, özü bala benzer.

Baldemir: Sevimli, güçlü, sağlam.

Baler: Tatlı dilli, davranışları hoşa giden erkek.

Balgu: Gök gürültüsü, haykırış, bağırma, yankı.

Bali: Yıpranmış, köhnemiş.

Balibey: Yetişkin, ermiş bey.

Balin: Yastık.

Balkan: Sır ormanlık sıradağlar.

Balkı: Şimşek, ışık, parıltı, aniden parlayan ışık.

Balkır: Şimşek, ışık, parıltı.

Balkoç: Çok aniden, parlayan ışık, hoş ve güzel koç.

Balözü: Çiçeklerde bulunan tatlı sıvı.

Balsan: Birbirini seven, samimi arkadaş, kardeş.

Barak: Ağaçlara saran büyük asma. Bayatların bir oymağı, Kilis ve Suriye'de yaşayan bir Oğuz kabilesi. Tüylü çuha, kebe. 9. Çağatay Kağanı.

Baran: Yağmur. Karayağız.

Baransel: Yağmur seli, yağmur mevsimi.

Baray: Başlangıcı olmayan.

Barbaros: Sakalı kırmızı olan. Kırmızı sakallı.

Barık: Kaya çatlağı, çayır çimenli yerler, uçurum.

Barıkhan: Geniş coğrafyaya hükmeden Han.

Barım: Varlık, servet.

Barın: Göğüs, tamam, tüm, kudret, güçlülük.

Barış: Sulh, savaşa son verme.

Barışcan: Sulh, sükun, emniyetli zaman.

Bari: Düzgün, kusursuz yaratan. Güzel, üstün, kamil. Allah'ın sıfatlarındandır. Koca, eski, köhne. Osmanlı Akıncı beyi.

Barik: İnce, nazik, hassas, dakik.

Bark: Ev, mesken.

Barkan: Rüzgarın çölde yer değiştirdiği ay biçimi, kum kütlesi.

Barkın: Seyyah, yolcu.

Barlas: Yiğit. Kahraman.

Barman: Var olan, mevcut olan.

Bars: Kaplan cinsi yırtıcı hayvan.

Barsam: Yüzgeçleri dikenli saldırgan balık.

Bartu: Eski Türk kağanlarından biri.

Basak: Dayanıklı, sert, sağlam.

Basir: Gören, herşeyi gören. Allah'ın sıfatlarından biri. Görüp anlayan, hakkıyal gören.

Basiri: Anlayışlı, ileri görüşlü. Uyanık, kalb gözü açık olan. Basiretli.

Basit: Arızasız, engelsiz. Kulların rızkını, sıhhatini veren. Allah'ın sıfatlarından biri.

Basri: Basra ahalisinden.

Başaran: Başarılı olan kişi.

Başarman: Başaran, yaptığı işi bitiren kimse.

Başat: Karakterler. Baskın. Hakim.

Başay: Birinci ay, yeni yılın başladığı ay.

Başeğmez: Dikbaşlı, kazak, buyruk dinlemez.

Başer: Başta gelen, baş asker.

Başir: Müjdeci, güleryüzlü bahtiyar, mutlu.

Başkur: Eski Türk çadırlarında kanat kuşağı.

Başkurt: Başkurdistan halkı, Kıpçakların bir kolu.

Başkut: En uğurlu.

Başok: En önde giden savaşçı.

Başol: Önder, başta olmak.

Başöz: Saygın, ileri gelen soya mensup olan.

Başsoy: Saygın, ileri gelen soydan gelen.

Baştan: Yeniden, tekrar, önden.

Baştuğ: En önde giden, büyük tuğ.

Batı: Güneşin battığı yön.

Batıbay: Batının efendisi, zengini.

Batıbek: Batı bölgesinin beyi.

Batıboy: En batıda oturanlar.

Batıhan: Batı bölgesinin hanı.

Batıralp: Kutsal, büyük yiğit.

Batırhan: Yiğit han.

Battal: Kahraman, cesur. Çok büyük, iri yapılı.

Batu: Batı. Güçlü, kuvvetli.

Batuhan: Yiğit han, batı hanı.

Batur: Bahadır kelimesinin başka şekilde söylenişi.

Baturalp: Kahraman, yiğit.

Baturay: Aydınlatan, ışık saçan yiğit.

Baturhan: Kahraman, yiğit.

Bayar: Ziraate açılmamış toprak, asil, büyük, yüce.

Bayazıd: İnsafsız, vicdansız, Yezid gibi olana erişen, yeten.

Baybars: Cesur, atılgan, zengin.

Baybas: Önde gelen, zengin, varlıklı.

Baybek: Zengin, varlıklı bey.

Baybora: Büyük fırtına.

Baycan: Zengin, efendi.

Baydak: Bayrak kelimesinin başka şekilde söylenişi.

Baydar: Kırım Yalta'ya bağlı bolluk mümbit köy.

Baydır: Güçlü, kudretli.

Baydur: Kudretli, güçlü, kuvvetli.

Bayduralp: Kudretli, güçlü, kahraman, yiğit.

Bayer: Cömert, zengin erkek.

Baygan: Muhafız, koruyucu.

Baygüç: Güçlü, zengin kimse.

Bayhan: Zengin, cömert güçlü hükümdar.

Bayındır: İmar edilmiş, mamur yapılmış.

Bayezid: Yezid'in babasının başka şekilde söylenişi.

Baygan: Muhafiz, koruyucu.

Baykal: Zengin kal. Türklerin anayurdunda bir göl.

Baykam: Hekim, hastalıkları iyileştiren.

Baykan: Zengin soyundan gelen.

Baykar: Dokumacı, çulha.

Baykara: Kibirlenme. Çok zengin olma. Kahrolma, mahvolma. Kara oğlan. Akbaba cinsi kuş.

Baykoca: Zengin, varlıklı, saygı duyulan yaşlı.

Baykurt: Saygı duyulan kurt. Kurt soyundan gelen.

Baykut: Kutlu, mübarek, zengin.

Baykutay: Zengin, varlıklı kimse.

Bayman: Zengin varlıklı kimse.

Bayrak: Devletin alameti olan göndere asılı kumaş.

Bayraktar: Bayrak taşıyan.

Bayram: Neşe ve sevinç günü, dini ve milli bakımdan özel değeri olan ve milletçe kutlanan gün veya günler.

Bayru: Eskiden var olan, devam eden.Baysal: Huzurlu, müreffeh ve rahat.

Bayrualp: Eski yiğitlerin soyundan gelen yiğit.

Bayruhan: Eski yiğitlerin soyundan gelen yiğit hükümdar.

Baysal: Soyu zengin, tanınmış imse.

Baysan: Tanınmış, zengin kimse.

Baysungur: Zengin, asaletli. Şahin cinsinden yırtıcı kuş.

Baytal: Kurak, yokuş.

Baytaş: Satuk Buğra Han'ın oğlu, Karahanlıların 3. Hakanı.

Baytekin: Cömert, şehzade prens.

Baytugay: Silah yönünden zengin, güçlü askeri birlik.

Baytüzün: Düzenli, zengin, derli toplu kimse.

Bayülken: Zengin, ulu, yüksek, yüce kimse.

Becet: Serçegillerden bir kuş.

Bedayi: Mükemmel, yeni benzersiz güzellikler.

Bedih: Şerefli, namı büyük, şanlı.

Bedihi: Açıkta gizlisi olmayan, belli bilinen.

Bedii: Güzellikle ilgili. Güzel.

Bedir: Dolunay gibi aydınlık ve nurlu bir yüzü olan.

Bedirhan: Güzel, ileri görüşlü, nurlu, lider.

Bediuzzaman: Zamanın mükemmeli, harikası.

Bedreddin: Dinin güzel, sevimli kişisi.

Bedri: Güzel, nurlu, ay gibi parlak. Geleceği aydınılk.

Bedrucemal: Yüzü aya benzer. Ay gibi aydınlık, ışıklı.

Bedük: Yüce gösterişli gözalıcı mühim.

Behcet: Güleryüzlü, şirin, sevinçli.

Behiç: Güleryüzlü, şen.

Behlül: Gülen, iyi huylu, cömert, hayırsever.

Behmen: Tedbirli, zeki, anlayışlı, kavrayışlı.

Behnan: Güler yüzlü, daima gülen. İyi huylu, sevilen.

Behram: Merih yıldızı. Eski İran'da yolcuları koruduğuna inanılan melek.

Behramşah: Merih yıldızı gibi hükümdar.

Behzat: Soyu temiz, iyi ve güzel. Nakkaş, ressam, süsleyici.

Bekbars: Çevik, güçlü, küçük kaplan.

Bekdemir: Çok sağlam demir, iyi rapdedilmiş, yerinden koparılmaz, oynatılmaz.

Bekdil: Gani gönüllü, mert, özü sözü doğru.

Bekir: Herşeyin ilki. Genç, taze. Yeni doğmuş olan. Sabah erken kalkan. Deve yavrusu.

Beksan: Şanlı, şöhretli bey.

Bektaş: Akran, eş. Saygıya layık kişi.

Beldar: Osmanlılarda dağlık bölgelerde geçitleri tutan emniyet görevlisi.

Belek: Artuk beğin oğlu. Tokat civarını fetheden Selçuklu komutanı. Armağan, hediye, ihsan.

Belemir: Peygamber çiçeği, mavi cins kantaron.

Belen: Dağ beli, iki tepe arasındaki geçit.

Belgi: Alamet, nişan, marka.

Bender: Liman, iskele.

Bengi: Ebedi, başı ve sonu olmayan.

Bengialp: Şöhreti uzun süre anılacak yiğit.

Bengisan: Ünü sanı uzun müddet unutulmayacak.

Bengisoy: Eskiden olduğu gibi gelecekte de devam edecek soy. Bu soya mensup olan.

Bengitaş: Anıt, abide, yazıt. Ebedi taş.

Benlidemir: Beni olan. Demir gibi sağlam ve sert mizaçlı. Hülagü Han'ın kardeşinin adı.

Bera: Üstünlük, olgunluk, seçkinlik. Borçtan kurtulmak, ayıp ve kusurdan ırak olmak.

Berat: İmtiyazlı, korunmuş olduğunu bildiren belge. Allah'ın, kullarının günahlarını affetitği kutsal gece.

Berk: Sert, sağlam, güçlü. Şimşek, yıldırım.

Berbak: Bir cins tohum, kanarya yemi.

Beren: Akıllı, zeki, güçlü.

Bergin: Sert, sağlam.

Berhuz: Azık torbası, dağarcık.

Berid: Posta teşkilatı, posta tatarı.

Berih: Temiz soylu, yüksek, yüce.

Berk: Sert, sağlam, kuvvetli, şiddetli, hızlı, katı, metin.

Berkan: Kıvırcık kuzu kürkü. Parlaklık, parlama.

Berkant: Sert, kesin yemin.

Berkay: Sağlam ay ışığı. Işığı fazla ay, dolunay.

Berke: Kama, hançer.

Berkel: Güçlü, sert, sağlam el.

Berker: Güçlü, kuvvetli erkek.

Berki: Şimşek gibi parlak ve hızlı.

Berkin: Sağlam, güçlü.

Berkkan: Sağlam soydan gelen.

Berkman: Güçlü, sağlam şahsiyetli.

Berna: Genç yiğit, delikanlı.

Berksan: Sarsılmaz ün.

Berksoy: Sağlam ve asil soydan gelen.

Berksu: Güçlü, sert su, iyi huylu, karakteri sağlam.

Berkün: Ünü, namı sağlam, tanınmış kişi.

Berktan: Güçlü, sert şafak.

Berktay: Sarp dağ, güçlü tay.

Berman: Yüce insan.

Berr: İhsanı, in'amı, iyiliği çok bol olan, kullarının iyiliğini isteyen. Allah'ın sıfatlarından biri.

Berter: Kıymetli, değerli, yüce.

Besim: Güleryüzlü.

Besareddin: Dinin verdiği müjde.

Beşir: Müjdeci, müjdeleyen.

Beşşar: Müjdeleyici, tebşirci, güleryüzlü. İyi haber getiren.

Betik: Yazılmış, yazılı olan, mektup.

Betim: Tasvir, tarifli anlatım, resim.

Beyan: Tebliğ, bildirme, haber verme.

Beyati: Gece çalışma.

Beyazıt: Yezid'in babası.

Beybars: Küçük kaplanı andıran bey, atak, cesur.

Beybolat: Çelik gibi kudretli, güçlü, sert.

Beycan: Varlıklı, güçlü, cömert, tanınmış kişi.

Beyhak: Nişabur'da bir belde.

Beyhan: Üstün, iyiliksever, iyi han.

Beykan: Varlıklı, cömert soydan gelen.

Beysan: Varlıklı, cömert, sanı duyulmuş, şöhretli.

Beytullah: Allah'ın evi, Kabe.

Beyzade: Bey oğlu, bey soyundan gelen.

Bilal: Su, süt gibi akıcı sıvı. Islak, ıslatan. Dili konuşmayan. Boğazı ıslatan sıvı. Peygamber'in müezzini.

Bilan: Kılıcın takıldığı süslü kemer.

Bildar: Gemide kürekçi. Öğrenen. Orduda istihkamcı. Toprağı belleyen, kazan.

Bilbay: Bilge zengin, bilgili kişi.

Bilen: Bilgili, bilge.

Bilge: Çok bilgili.

Bilgealp: Çok bilgili yiğit.

Bilgebay: Bilgili, zengin.

Bilgehan: Bilgili han.

Bilgekaan: Çok bilgili yönetici.

Bilgen: Bilgin, bilgili, bilen.

Bilger: Bilgili insan.

Bilgi: İnsanın akıl yolu ile öğrendiği herşey.

Bilgiç: Bilgili, akıllı.

Bilgin: Derin bilgiye sahip kişi.

Bilmen: Bilen, çok bilgili.

Biltay: Bilen, bildiren.

Binali: Ali'nin oğlu.

Binalp: Bin yiğit, yiğitler.

Bintuğ: Çokça tuğ, kalabalık ordudaki tuğlar için söylenir.

Birant: Özelliği olan, bozulmayacak yemin.

Birat: İlk erkek çocuk, soylu aileden olan.

Bircan: Biricik, değerli.

Birdal: Tek, bir tane.

Birge: Birlikte, beraber, kamçı, kırbaç.

Birgit: Aralarında birlik kurmuş, bir olanlar.

Birhan: Tek yönetici.

Birkan: Tek, soylu, çevresindekilerden asil.

Birmen: Benzersiz, eşsiz.

Birol: Tek, eşsiz olan. İyilikte benzeri bulunmayan.

Birtan: Bir şafak, tek tan.

Bişar: Altın, gümüş kakma. Esir, köle, güçsüz.

Bişr: Güleryüzlü olan.

Boğaç: Dede Korkut hikayesinde Dirsehan'ın oğlu. Boğaya benzer.

Boğanak: Bora, sağanak, şiddetli rüzgarla gelen yağış.

Bolat: Çelik. Çelik gibi sağlam karaktere sahip.

Bora: Çok sert esen ve genellikle yağmur getiren rüzgar. Sert ve güçlü kişilik sahibi.

Boran: Rüzgar, şimşek, yıldırım, yağmur, dolunun birlikte şiddetli esip yağması.

Borani: Bulgur veya pirinçle pişirilip üzerine yoğurt dökülerek yenen sebzeli yemek.

Boragazi: Bora gibi sert gazi.

Borahan: Bora gibi sert ve çevik han.

Boratav: Çok sert, yalçın kayalıklı dağ.

Boratay: Bora gibi hareketli tay veya at.

Boylan: Burnu havada, kibirli.

Boysel: Uzun boylu.

Bozan: Huzuru, intizamı veya bir işi bozan kişi.

Bozbey: Kül rengi bey, sarı sakalı kırlaşmış bey.

Bozbora: Karada çıkan fırtına.

Bozdoğan: Gri renkli doğan, yırtıcı kuş.

Bozer: Beyaza yakın tenli olan.

Bozkaya: Siyah-beyaz kaşımı, beyaza yakın kaya.

Bozlak: Toprak rengine yakın. İç ve güney Anadolu'da aşiret kavgalarını anlatan uzun hava.

Bozyel: Güneybatıdan esen ılık, yağmur getiren yel.

Bozyiğit: Teni veya giysisi beyaza yakın yiğit.

Böğür: Vücudun yan tarafı, pazu hizası.

Böke: Güçlü, yiğit, kahraman, önder, pehlivan.

Börk: Eski Türklerin giydiği yünden örme başlık.

Budak: Ağacın sürgünü veya kesilmiş dalın gövdede kalan kısmı.

Budunalp: Milletin yiğidi, koruyucusu.

Buğ: Amir, reis, başkan.

Buğra: Erkek deve. Turna sürüsünün önde uçan erkeği. Turna horozu.

Buğrahan: Karahanlıların üçüncü müslüman olan ilk hükümdarı, Sebuktegin oğlu, Müslüman olan ilk hükümdarı.

Buhari: Buharalı, Buhara'ya ait. En büyük hadis alimlerinden.

Buhri: Buhur tütsü, buhura ait.

Buka: Büyük bina, memleket.

Bulak: Yerden kaynayan su, göze, pınar. Üzerine kimseyi bindirmeyen at.

Bulan: Bir nesneyi tesadüfen rastlayıp gören veya arayıp ele geçiren.

Bulduk: Bulunan, buluntu. Uzun müddet çocuğu olmayıp sonra olunca konur.

Bulut: Gökteki su buharı.

Bumin: Askeri birlik.

Burak: Peygamberimizi Miraç'ta göğe götüren at.

Burç: Kalenin köşelerindeki daha yüksek ve kalın çıkıntılar. Güneşin her ay girdiği yörünge değişikliği.

Burçhan: Burcun savunması için görevli komutan.

Burçak: Hayvan yemi, tahıl.

Burhan: Delil. Doğru yolu gösteren.

Burhanettin: Dinin delili. Hak yolu gösteren.

Buyan: Mutluluk, sevap, kısmet, üşüyen soğuktan donan.

Buyrukalp: Hakanın atadığı geniş yetkili, yiğit bey.

Bülend: Ulu, yüce, yüksek, uzun.

Bünyamin: Yakup (a.s.) Peygamber'in küçük oğlu. İbranicede, sağ elin oğlu manasına gelir.

Bürkan: Yanardağ.

Bürümcük: Koza gibi yumaklanmış, ham ipekten dokunmuş kumaş.

B

Kız Adları

Badem: Gülgillerden bir ağaç ve meyvası.

Bağdagül: Çok yüksek değeri olan gül.

Bağlam: Deste. İlgi. Aynı cinsten olan şeylerin dizisi.

Bahar: Yılın kış ile yaz arasındaki mevsimi.

Bahire: Güzel ışıklı gemi. Dikenli ağaç. Bir cins deve.

Bahriye: Denizle ilgili. Deniz gibi geniş.

Bahtınur: Kısmeti açık.

Bahtışen: Kısmetli, neşeli bir geleceği olan.

Bakiye: Kalıcı, sürekli, kalan, kaybolmayan.

Balahanım: Küçük hanım, hanım kardeş.

Balahatun: Soyu asil, küçük hanım. Saygı duyulan kadın.

Balçiçeği: Hanımeli, bir cins sarmaşık.

Baldan: Baldan alınmış, bal gibi.

Balkır: Şimşek, yıldırım gibi ani parlayan ışık, parlak.

Balkız: Bal gibi kız, cana yakın, tatlı, şirin, güzel kız.

Banu: Hanım, büyük hanım, hanımefendi, prenses, gelin.

Banugül: Gül gibi zarif, çekici gelin, prenses.

Banuhan: Kraliçe, çok sevilen sayılan kraliçe.

Barçın: Bir cins ipekli kumaş.

Baria: Çok güzel, hepsinden üstün, pek mükemmel.

Barika: Şimşek ve yıldırım parıltısı.

Basıra: Gören, örücü, keskin görüşlü.

Basiret: Kalb gözü ile gören. Görüşü kuvvetli, iyi görüşlü, uyanık.

Basriye: Görüşü kuvvetli.

Başak: Ekinlerde tohumun yer aldığı kılçıklı baş. Verim, verimlilik sembolü.

Başar: Başarıya ulaş, iyi sonuç al.

Başaran: İşini yapıp bitiren. Zorluğu yenen.

Başarı: Başladığı işin iyi sonuçlanması.

Batıgül: Batı bölgesinin güler yüzlü kızı.

Bayca: Varlıklı, servet sahibi, sıkıntısız.

Baykal: Yaban kısrağı.

Baysalbegüm: Huzurlu, soylu, sıkıntısız hanım.

Baysalhatun: Huzurlu, soylu, sıkıntısız, saygıdeğer hanım.

Baylan: Zenginleşmiş.

Baysu: Bolluk, bereket getiren, iyi huylu.

Bedia: Görülmedik, beğenilecek değerde.

Bedihe: Tasarlanmadan söylenen güzel söz.

Bedinur: Örneği olmayan.

Bedriye: Dolunay gibi güzel.

Begüm: Hanım, bayan, saygıdeğer. Prenses, kraliçe.

Begümcan: Saygıdeğer hanım.

Behice: Şen, güleryüzlü.

Behiye: Güzel.

Behnane: Gülen, iyi huylu, güleryüzlü kadın.

Behre: Hisse, pay, kısmet, nasip.

Belen: Dağ geçidi, iki dağ arasındaki alçak yer.

Belgin: Belirgin, apaçık.

Belgün: Bilinen, açık, belli gün.

Beliğa: Düzgün konuşan. Fesahatli, beliğ konuşan. Usulüne uygun söz söyleyen.

Belin: İrkilmiş, ürkmüş, korku ile uyanmış.

Belkıs: Akıllı, tedbirli.

Bengisu: Ölümsüz, sonsuza kadar akacak su. Ölümsüzlük suyu, ab-ı hayat.

Bengül: Benekli, nakışlı gül gibi güzel ve güleryüzlü.

Bereket: Bolluk, feyiz, Allah'ın ihsanı.

Berfin: Kardan, kara ait, kar ile ilgili.

Beria: Güzellik ve olgunluğu ile dikkat çeken, üstün, seçkin.

Berrin: En yüksek.

Berka: Kadınların yüz örtüsü, Kabe örtüsü. Yedinci kat gök.

Berkende: Koparılmış, kökünden sökülmüş.

Berna: Genç, delikanlı, yiğit.

Berra: Özü sözü doğru, hayırsever. Eli açık, cömert kadın.

Berrak: Duru, durulmuş, kulağa hoş gelen.

Berran: Kesen, kesmeye yarayan, keskin.

Besamet: Güleryüzlülük, gülen kadın.

Besaret: Göz açıklığı, derin ve ileri görüşlülük.

Besime: Güleryüzlü.

Beste: Bağlanmış, bağlı. Müzikte makam verme.

Beşaret. İyi haber, muştu, müjde.

Beşaşet: Güleryüzlülük.

Beşire: Müjde getiren.

Betül: Bakire, namuslu, iffetli, erkek eli değmemiş kadın.

Betülay: Erkekten kaçan, aya benzer kız.

Beyaz: Ak, lekesiz, nurlu.

Beyda: Sahra, çöl.

Beyhan: Gönlünden geçeni açılayan. Medeni, çağdaş.

Beysun: Nazik, kibar.

Beyza: Çok beyaz.

Bezen: Ziynet, süs, süslen.

Bihruze: Güzel, iyi gün.

Bihter: Çok iyi. Benzerlerinden üstün.

Bilgen: Çok bilen, bilgin.

Bilgenur: Nurlu, ışıklı bilgilere sahip olan.

Bilgesu: Su gibi bilgili. Çok bilgili, iyi huylu.

Bilgün: Bilgin. Esen gün.

Billur: Parlak cam, kristal. Sevimli, parıltılı, ışıltılı.

Bingül: Binlerce gül. Ömür boyu gül.

Bingün: Binlerce gün yaşa, uzun ömürlü ol.

Binnaz: Çok nazlı ve cana yakın.

Binnur: Çok nurlu.

Bircan: Çok cana yakın.

Birdal: Tutunulacak tek dal.

Birgen: Bir başına, tek başına, yalnız.

Birgül: Biricik gül, eşsiz gül.

Birke: Küçük göl, havuz. Güzelliği ile bir içim su.

Birnur: Tek nur, tek ışık.

Birsel: Bir tane. Biricik.

Birsen: Bir tek, eşsiz.

Birtek: Biricik.

Buket: Çiçek demeti.

Buram: Burularak yükselen. Bol, gür, çok. Dönerek yükselen.

Burcu: Güzel çiçek kokusu.

Burçak: Baklagillerden bir bitki, bitkilerin kılcal kökleri.

Burçin: Dişi geyik.

Buse: Öpücük.

Bürde: Bürüyen, bürgü, gece üste örtülen gündüz giyilen elbise.

Bürge: Cevval, kabına sığmayan, canlı, hareketli.

Büşra: Müjde.

Büte: Fidan, ağaççık.

Büteyra: Sabah ışıkları, sabah güneşin ısıtması.

C

Erkek Adları

Cabbar: Kudret sahibi, üstün gelen.

Cabir: Zorlayan, galip gelen.

Cafer: Küçük akarsu, çay.

Cahit: Din için çalışan, savaşan, cihad eden.

Caiz: Olmasında sakınca olmayan. Dinen ve törece yasaklanmayan, uygun bulunan.

Calib: Çekici, celbedici. Çeken.

Calp: Güç, kuvvet, gayret sarfeden. Güçlü kuvvetli olan.

Cami: Cem eden, toplayan, biriktiren.

Can: İnsanın varlığı, hayat, ruh.

Canalp: Cana yakın yiğit.

Canaydın: İçten, özü temiz bilgili.

Canbay: Cana yakın zengin.

Canbek: Cana yakın bey.

Canberk: Güçlü, sağlam, kuvvetli.

Canbey: Cana yakın bey. Canlı, güçlü, sevilen bey.

Canbolat: Çelik gibi canlı.

Canbulat: Özü çelik gibi sağlam.

Candan: Yürekten, candan seven, çok samimi.

Candaner: Samimi, içten, riyasız dost.

Candar: Kılıçlı asker, muhafız, hassa askeri. Diri, canlı. Emniyet memuru. Cellat.

Canday: Ay yüzlü arkadaş.

Candeğer: Can vermeye değer, kıymetli.

Candemir: Demir gibi sağlam karakterli. Canlı, hareketli, güçlü.

Candil: Gönül dostu.

Candoğan: Sevgi ile doğan.

Canel: Dostça yaklaşım, samimi uzatılan el.

Caner: Yürekten sevilmeye layık arkadaş.

Cangiray: Kuvvetli, güçlü şahsiyet.

Cangur: Bahtiyar, mutlu, şen.

Cangün: Doğum günü veya sevdiği gün, başkalarınca da sevilen.

Canib: Taraf, yön, yüksek taraf, yan, kenar.

Cankan: Soyu temiz, kanı temiz olan şahıs.

Cankut: Mübarek, kutlu, şanlı kimse.

Cankılıç: Cana yakın kılıçlı.

Canol: Riyasız, içten, içi dışı bir, can gibi.

Canpolat: Çelik gibi irade sahibi. Canlı, güçlü.

Cansoy: Asaletli, soylu.

Cantekin: Üstün meziyetli şehzade.

Cantez: Hareketli, aceleci, tez canlı. Sabırsız.

Cantürk: Cana yakın türk.

Canver: Çok diri, hareketli. Fedakar.

Carullah: Allah dostu, Allah'a yakın iyi kul. Mutezile eğitimi alan. Sonra Hanefi fıkhını benimseyen müfessir Zemahşeri'nin adı.

Cavid: Devamlı, sonsuz, ebedi.Ölümsüz. Baki.

Cazim: Sert mizaçlı, kararından dönmeyen.

Cebbar: Bkz. Cabbar.

Cebe: Zırh, orduya zırh ve silah yapan sınıf. Ok.

Cebel: Dağ. Tarım yapılamayan düzlükler.

Cebir: Güç kullanma, zorlama. Kırık çıkık sarmak.

Cebrail: Peygamberlere Allah'tan vahiy getiren melek.

Cehdi: Gayretli, çalışkan, başarmak isteyen. Çabalayan, çaba gösteren.

Cehr: Görünmek, açıktan söylemek, okumak. Aşikar.

Celadet: Yiğitlik, cesaret, kahramanlık, gözüpeklik.

Celal: Büyük, ulu, yüce.

Celaleddin: Dinin ulusu, yücesi.

Celasun: Gözüpek, atılgan, cesaretli, gürbüz delikanlı.

Celil: Büyük, ulu, aziz.

Celvet: Vatanını terk etmek.

Cem: Toplu, toplanma, meclis.

Cemal: Yüz güzelliği.

Cemaleddin: Dinin yüzü, dinin nuru. Dinin güzel yüzü.

Cemali: Güzel yüzlü.

Cemalullah: Allah'ın güzelliği, lütfu.

Cemil: Hoş, güzel.

Cemre: Ateş, kor, köz. Küçük taş parçası. Mina'da şeytan taşlama. Şiddetli karanlık.

Cemşid: Güçlü parıltı. Canlı ve aydınlık kişilikli.

Cenap: Şerefli, saygın. Saraylı. Efendi, bey.

Cenbi: Yan tarafa ait, yanlık.

Ceng: Savaş, harp, dövüş.

Cengaver: Savaşçı, cesur.

Cengel: Orman. Sık çalılık. Sık orman.

Cengiz: Yılmaz, güçlü.

Cengizhan: Moğol İmparatoru.

Cenk: Savaş harp.

Cenker: Savaşçı, iyi savaşan er.

Cerir: Hayvan yuları, urgan, ip.

Cerit: Bekar kimse. Çorak, kurak, verimsiz toprak.

Cerrah: Ameliyat eden, yara gibi dış hastalıkları tedavi eden.

Cesim: İri, büyük.

Cesimi: İrice, büyükçe.

Cesur: Gözüpek, yiğit.

Cevat: Cömert, eli açık.

Cevahir: Cevherler, kıymetli taşlar.

Cevan: Delikanlı, genç kimse.

Cevdet: Olgun, iyi, taze, kusursuz.

Cevheri: Olgunluk, büyüklük, tazelik, iyilik.

Cevval: Dinamik, hareketli, kabına sığmaz.

Ceyhan: Çukurova'da bir nehir.

Ceyhun: Orta Asya'da Amu Derya ırmağı. Tevrat'a göre Cennetteki dört ırmaktan biridir.

Cezmi: Sözünden dönmez, kesin kararlı, azimli.

Cezir: Kökten gelme.

Cezzar: Deve kasabı, eli kanlı, bıçaklı.

Cihad: Allah yolunda yapılan savaş.

Cihan: Dünya, alem.

Cihandar: Dünyayı fetheden, dünyaya hakim olan hükümdar.

Cihanefruz: Dünyayı aydınlatan.

Cihaner: Dünya çapında yiğit erkek.

Cihangir: Dünyaya hakim olan, dünyaya hükmeden.

Cihanmert: Dünya çapında mert olan.

Cihanşah: Dünyanın padişahı.

Cilasun: Savaşçı delikanlı, iriyarı gürbüz kimse.

Cinan: Cennetler, sekiz cennet.

Cingöz: Açıkgöz, zeki, işini bilen. Kurnaz.

Civan: Delikanlı, genç.

Civanmert: Cömert, eli açık, ihsan sahibi.

Coşan: Coşkun, heyecanlı, galeyana gelen.

Coşar: Coşkunluk, heyecan duyan, galeyanlı.

Coşkun: Coşkulu, sevinçli, heyecanlı. Kabına sığmayan.

Coşkuner: Coşan erkek. Çok heyecanlanan, çok duyarlı, çok hareketli.

Coşkunsu: Gür ve hızlı akan su.

Cömert: Başkalarına yediren, içiren, bağışlayan. Gani gönüllü.

Cudi: Cömert, eli açık. Nuh'un gemisinin oturduğu dağ.

Cuma: Haftanın Perşembe ile Cumartesi arasında kalan günü. Müslümanların ibadet günü. Toplanma.

Cumali: Cumaya değer veren.

Cumhur: Halk, topluluk.

Cübeyr: Küçük yiğit, küçük kahraman. Cesur.

Cündi: Sipahi, atlı asker, süvari. Ata iyi binen, binici.

Cüneyt: Küçük asker.

Cüzhan: Kur'an okuyan talebe. Cüz halinde Kur'an okuyan kişi.

C

Kız Adları

Cabire: Zorla yaptıran, cebren, zor kullanan, aziz, kavi.

Cabiye: Cemaat. İçinde su toplanan büyük havuz.

Cahide: Çalışıp çabalayan, savaşan.

Canal: Gönül al, kendini sevdir. Öldür, canını al.

Canan: Sevgili.

Canay: Cana yakın ay yüzlü.

Candan: Davranışlarında yakınlık olan, samimi. Riyasız, içten gelen.

Canday: Yolunda can verilecek kıymette.

Candil: Gönül dostu. Gönülden seven.

Canesin: Riyasız, özü sözü doğru, gönül ehli.

Canfeda: Canını veren, feda edecek olan.

Canfer: Ruhlara canlılık, ışık veren.

Canfeza: Can vermeye, canını feda etmeye değer.

Cangül: Çok sevilen gül, cana yakın, güleryüzlü.

Cankız: Cana yakın, sevimli kız.

Canmelek: Melek canlı, melek gibi iyi.

Cannur: Nurlu, ışıklı, temiz.

Canperver: İç açıcı, gönül rahatlatıcı.

Cansel: Kalble, yürekle ilgili, candan, yürekten bağlı.

Cansen: Can gibisin, sevilmeye layıksın.

Canser: Hayatın başı, kuvvet ve güç kaynağı, en sevilen.

Canses: Hayat eseri, kuvvet ve güç varlığı.

Cansu: Su gibi cana can katan, canlılık veren. İyi huylu.

Cansuna: Suna gibi süzülerek yürüyen.

Cavidan: Sonsuz hayat.

Cavide: Sonu olmayan, ölümsüz, ebedi.

Cazibe: Cezbedicilik, çekicilik, gönül çekicilik, başkalarını imrendiren.

Celile: Çok büyük, yüce.

Cemile: Güzel.

Ceminur: Nur, ışık çokluğu, topluluğu. Nur gibi kimse. Nur topluluğu, nur toplayan.

Cemre: Köz halinde ateş, sıcaklık.

Cennet: Ahirette Allah'ın iyilere vadettiği mekan. Güzel bahçe.

Ceren: Ceylan. Çöl ceylanı.

Cesaret: Yüreklilik, korkusuzluk. Cesur olma hali, tehlikeden korkmama.

Cesime: İri, kocaman, büyük.

Cevahir: Kıymetli taşlar, herşeyin özü. Cevherler.

Cevher: Öz, kıymet.

Cevriye: Sıkıntı, eziyet, cefa çeken. Çok hareketli.

Ceyda: Uzun ve güzel boyunlu. İyilik getiren.

Ceylan: Geyik türünden ince bacaklı zarif bir hayvan.

Cezbe: Çekme, çekiş. Ruhi heyecan, vecd hali. Elinde olmadan kendinden geçme.

Cezmiye: Kesin kararlı, caymaz. Niyet edep kafasına koyduğu işi mutlaka yapan.

Cezriye: Köktencilik.

Cezzab: Çok cezbedici, çok çekici.

Cihanbanu: Dünyada tanınmış kadın. Güzellik ve özellikleri sebebiyle dünyada tanınmış.

Cihanfer: Dünyayı aydınlatan, dünyanın gücü.

Cihannur: Dünyayı ışıtan nur, ışık.

Cihanser: Dünyanın başı.

Cihantab: Cihanı, dünyayı parlatan, ışıtan.

Cilve: Gönül çekmek için yapılan hareket.

Cilvenaz: Cilve ve naz yapan.

Cilvesaz: Cilve yapan. Cilveli, nazlı, işveli.

Ciyadet: İyilik, güzellik.

Cudiye: Eli açık, cömert.

Cüveyriye: Küçük cariye. Peygamber (s.a.v.) Efendimizin amcasının kızı.

Cüzeyre: Küçük ada, adacık.

Ç

Erkek Adları

Çağakan: Çağa uygun, çağı yaşayan.

Çağan: Bayram, şenlik.

Çağanak: Liman, iskele, denizin karaya girintisi.

Çağar: Bir cins doğan.

Çağatay: Yiğit delikanlı.

Çağakar: Çalışkan, gayretli, dinamik.

Çağdaş: Aynı çağdan, yeni çağa yaraşır.:

Çağman: Çağı yaşayan, çağa uygun insan.

Çağnur: Zamanı aydınlatan çağın nuru, ışığı.

Çağrı: Davet. Bildiri, hitap, çakır gözlü, seslenme. Doğan kuşu.

Çaka: Çavuldur beyi, İzmir yöresini fetheden Selçuklu komutanı.

Çakar: Işık verir, parlar, çarpar.

Çaker: Cariye, köle.

Çakın: Şimşek.

Çakır: Mavi gözlü. Ela.

Çakırdoğan: Doğan cinsinden yırtıcı bir kuş.

Çakman: Süt beyazına yakın gök mavisi, muradına eren.

Çakmur: Çakmaktaşı. Uyku mahmurluğu. Cimri.

Çala: Şiddetli hareket, sürekli çaba. Aralıksız gayret.

Çalapkulu: Tanrı kulu, Allah'ın kulu.

Çalık: Çarpılmış, dönmüş, bozulmuş, rengi kaçmış, felçli, inmeli. Kuru, dolgun olmayan.

Çalım: Kılıcın keskin yüzü, ağzı, tavır, davranış.

Çalkara: Bir doğan cinsi.

Çalkın: Alev, alaz, ateş dili.

Çamer: Uzun boylu, çam gibi dik duran erkek.

Çapan: Posta tatarı, ulak, haberci.

Çapar: Çok koşan ulak çapan, kahraman yiğit, benekli hayvan.

Çapkı: Düşmana akın, yağma akını.

Çavlan: Büyük çağlayan.

Çavlı: Ava alıştırılmamış şahin veya doğan yavrusu.

Çavuş: Askerlikte onbaşının üstündeki rütbe. Manga komutanı. Çalışan işçilere nezaret eden kişi.

Çavuşbaşı: Hüthüt kuşu. İki tepelikli beyaz çizgili kırmızılık. İnce ve kıvrak gagalı ötücü kuş.

Çayka: Osmanlılarda küçük, altı düz, çay ve dere ağızlarına, sığ yerlere yanaşan savaş gemisi.

Çekel: Övenderenin alt ucundaki küçük çapa. Sabanın çamurunu kazımaya yarar.

Çelebi: Görgülü, olgun, terbiyeli, ince ruhlu. Efendi.

Çelek: Ateş kütüğü oyularak yapılan su kovası.

Çelen: Tepelerin kar tutmayan yeri. Toprak damların kenarında bir karış yüksekliğinde korkuluk. Yakışıklı delikanlı, genç erkek.

Çelik: Sert su verilip sertleştirilen demir. Kısa kesilmiş dal. Sert mizaçlı, güçlü, kuvvetli.

Çelikel: Çelik gibi güçlü eli olan.

Çelikhan: Sert mizaçlı güçlü hükümdar.

Çeliköz: Çelik gibi sert mizaçlı, özü sağlam.

Çeliksu: Soğuk ve sağlam sıhhi su.

Çelikyay: Çok güçlü sert. Yay gibi esnek.

Çepin: Çapa, küçük bahçe çapası.

Çerağ: Mum, çıra, yağ yakan kandil.

Çerme: Suların topraktan sızıp çıkması. Kaynak. Dere kenarlarında sulu yeşillik yerler.

Çerge: Hafif küçük çadır. Çadırda yaşayanlar, göçebe, bedevi.

Çeri: Asker.

Çerkes: Kafkasya'da sakaların kalıntısı bir kabile.

Çetin: Sert, güçlü.

Çetinalp: Sert mizaçlı, yiğit, savaşçı, kahraman.

Çetinay: Zorluk ve sıkıntılı geçen ay.

Çetince: Biraz sertçe.

Çetindil: Sert konuşan, az ve öz konuşan.

Çetinel: Sert elli, yaşanması, geçinmesi zor ülke.

Çetinöz: Soyu çetin olan, sert tabiatlı olan kimse.

Çetinsoy: Soyu sert tabiatlı olan kimse.

Çetinsu: Sert, kireçli, faydalanılması zor yerde olan su.

Çevik: Atak, hızlı, tez canlı.

Çevikcan: Canı tez, hareketli, hızlı mizaçlı.

Çevrim: Anafor, dönme hali. Sınırların belirlenmesi.

Çıdam: Dayanma, sabretme, direnme.

Çınar: Parça yapraklı uzun ömürlü ağaç.

Çıra: Reçineli ağaçların çabuk yanan yağlı kısımları.

Çırağ: Kandil, yağ yakan lamba, meşale.

Çinuçen: Yenmiş, zafer kazanmış. Muvaffak olmuş. Galip gelmiş.

Çiray: İnsan resmi. Sima, beniz, yüz.

Çoğaş: Güneş.

Çoğun: Çoğunluk, ekseriya, çoğu zaman.

Çokay: Köyün ağası zengini. Yol kesici, eşkıya.

Çokman: Gürz, topuz, topuzlu çomak.

Çolpan: Zühre, Venüs, Çobanyıldızı.

Çulpa: Beceriksiz. Ayağı sakat, aksak. Elinden iş gelmez.

Çulpan: Bkz. Çolpan.

Ç

Kız Adları

Çaba: Bir işin yapılması için sarf edilen güç. Gayret, emek, uğraşı.

Çağa: Çocuk, yetişkin olmaya yakın.

Çağay: Zamanının özelliklerini taşıyan, çağdaş. Çağa ayak uyduran.

Çağıl: Suyun yüksekten dökülerek akması.

Çağın: Çok güçlü birden parlayan ışı, şimşek, yıldırım.

Çağla: Taze badem.

Çağlar: Çağlayan, çavlan, şelale. Asırlar, yıllar, devirler zamanlar.

Çağlayan: Yüksekten dökülen su. Nazlı ve hırçın. Çağlı: Yaşadığı çağa uygun.

Çakım: Kıvılcım, şerare, şimşek.

Çakır: Yeşil ve mavi arası göz rengi. Amaca cinsi bir kuş.

D

Erkek Adları

Dadaş: Büyük kardeş. Ağa. Ağabey.

Dadaloğlu: Saf adamın oğlu.

Dafi: Savan. Uzaklaştıran. Defeden.

Dağaşan: Dağı aşıp giden. Dağın üstünden yol bulup giden.

Dağdelen: Dağı delen, dağdan yol bulup giden. Güçlü, azimli, marifeli.

Dağhan: Dağ gibi yüce sağlam hükümdar.

Dağtekin: Dağ gibi yüce, sağlam hükümdar.

Dağhan: Dağların hanı. Yüce saygın kişi.

Dağıstan: Kafkasya'da bir ülke.

Dağtekin: Dağların prensi.

Dahi: Zekası çok üstün olan. Çok akıllı.

Dahik: Gülen, çok gülen.

Dahhak: Sürekli gülen, çok gülen.

Dai: Çok dua eden. Davet eden, çağıran.

Daim: Sürekli, devamlı, her an, kesintisiz.

Dal: Yol gösteren delil olan. Ağacın kolu, uzantı. Şube. Sırt, arka.

Dalaman: Uzun boylu.

Dalan: Binaların giriş kısmı. Biçim, şekil.

Daldal: Yiğit, cesur, kahraman.

Dalokay: Herkesin beğendiği. Hoşa giden.

Danişmend: Bilgin. Kadı yardımcısı.

Darcan: Sabırsız, aceleci. Serçe kuşu.

Daver: Adaletli, doğru ve insaflı hükümdar.

Davud: İsrailoğulları peygamberlerinden.

Dede: Ana veya babanın babası. Tasavvuf edebiyatında divan sahibi ender şairlere verilen unvan. Yaşlı, koruyucu, biglili, güngörmüş. Tecrübeli. Milli efsane ve din ulularına bu ad verilir.

Değer: İtibar, kıymet, birşeyin karşılığı.

Demir: Sert maden. Sağlam karakterliliğin simgesi.

Demirağ: Demirden yapılmış ağ.

Demirbaş: Devamlı kullanılan, kullananların birbirlerine devrettikleri.

Demiralp: Sağlam ve yiğit savaşçı.

Demiray: Demir gibi sağlam, ay gibi aydınlık.

Demircan: Canı pek, sağlam karakterli.

Demirel: Sağlam, kuvvetli el.

Demirer: Sert yaradılışlı sağlam kimse.

Demirhan: Güçlü, sağlam karakterli, sert mizaçlı hükümdar.

Demirkan: Asil ve sağlam soydan gelen.

Demiröz: Sağlam, özü demir gibi.

Demirşah: Güçlü, kudretli hükümdar.

Demirtaş: Demir ve taş gibi güçlü.

Demirtekin: Güçlü, kudretli prens, şehzade.

Demren: Ok ve mızrak ucuna takılan demir veya kemik.

Dengiz: Deniz.

Dengizer: Deniz askeri, denizciliğe meraklı.

Deniz: Dünyanın su ile kaplı bölgeler. Geniş yürekli, hoşgörüsü çok geniş.

Denizalp: Denizci yiğit, kahraman denizci.

Denizer: Deniz askeri. Deniz gibi herşeyi bol.

Denizhan: Denizlere hükmeden.

Derbent: Dar geçit, küçük kale, iki dağ arasındaki tek geçit.

Derman: Güç, takat, ilaç, çare.

Dersu: Tamamı, baştanbaşa, tümü, hepsi.

Derviş: Alçak gönüllü, kanaatkar.

Devleddin: Dinin büyüğü, kutlusu, uğuru.

Devlet: Milleti ve ülkesi olan egemen manevi varlık.

Devletşah: Devletin şahı.

Devran: Felek, devir.

Devrim: Eskiyi kaldırıp, yeni bir düzen getirme. İhtilal. İnkılap.

Devvar: Durmadan dönen.

Diclehan: Dicle bölgesine hükmeden hükümdar.

Dideban: Gözcü, nöbetçi.

Dikmen: Dikindi, dikilmiş. Dağların üst noktası, sivri ve yüksek tepe. Yayla.

Dil: Ağız içindeki organ. Düşmandan bilgi almak için sorgulanan esir veya casus.

Dilaver: Yürekli, yiğit, mert.

Dilazad: Gözü-gönlü tok, hiçbirşeyde gönlü olmayan.

Dilge: Güzel, etkileyici konuşan.

Dilhan: Samimi, içten konuşan.

Dilhun: Sıkıntılı, üzüntülü.

Dilmaç: Tercüman.

Dilman: Gönlü geniş kimse. Rahat, huzurlu.

Dilsafa: Dertsiz, kedersiz, rahat. Huzur içinde yaşayan.

Dilsaz: Herkesin gönlünü alan. Kimseyi incitmeyen.

Dilşah: Gönüllere taht kurmuş hükümdar.

Dinç: Sağlıklı. Gücü yerinde, güçlü.

Dinçay: Güçlü ışık veren ay.

Dinçel: Güçlü, sağlıklı el.

Dinçer: Güçlü, sağlam ve sağlıklı erkek.

Dinçmen: Sağlıklı, güçlü.

Dindar. Dinine bağlı. Dinin emirlerini yapan.

Dirayet: Kabiliyet. İncelikleri kavrama, zeka, bilgi. Sözünü geçirme. Otorite.

Direr: Uzun, düz ağaç. Binaları tutan sütun. Dayanak. Semazenin bükülmeyen sol bacağı.

Direnç: Karşı koyma, direnme gücü.

Dirican: Güçlü, hareketli, canlı.

Diriğ: Acıma, koruma. Merhamet.

Divane: Deli, meczup.

Dizdar: Kale muhafızı.

Doğa: Tabiat.

Doğal: Tabii.

Doğan: Dünyaya gelen. Şahinden büyük avcı kuş.

Doğanalp: Hızlı savaşçı, yiğit.

Doğanarslan: Doğan gibi yırtıcı. Arslan gibi cesur ve güçlü.

Doğancı: Doğanla avlanan, av için doğan terbiye eden.

Doğanay: Ayındoğduğu ilk günler. Kameri takvim aylarının ilk günlerinde odğan çocuklara verilen ad.

Doğanbey: Doğan gibi hızlı savaşçı bey.

Doğancan: Sevgili Doğan.

Doğaner: Doğan gibi hızlı, cesur, savaşçı erkek.

Doğangün: Sabah güneşin ilk ışıkları.

Doğanhan: Doğan gibi cesur hükümdar.

Doğantan: Şafak söküşü, tan yerinin ağarması.

Doğay: Ayın doğması, doğuşun başlaması.

Doğu: Güneşin doğduğu yön.

Doğahan: Doğu ülkelerinin hükümdarı.

Doğukan: Doğulu, doğu ülkesinden, aslı doğudan olan kimse.

Doğuş: Dünyaya geliş, yaratılış.

Doğuşlu: Soy, cins, asil soylu.

Dokurcun: Demet halinde baş ak veya ot.

Dolay: Çevre, civar, yakın, etraf.

Dolun: Öz, som. Pencere ve kapısız duvar. Dolu. Ayın ondördündeki tam hali.

Donra: Donmuş bataklık, tundra. Saç kepeği, tabaka haline gelmiş vücut kiri.

Doru: Siyah, kırmızı, sarı arası at rengi, yelesi ve kuyruğu siyah, diğer tarafları kırmızı at.

Doruk: Tepe, en üst nokta.

Dost: Sevilen kimse, samimi arkadaş.

Dönence: Geri dönme noktası, gündönümü noktası.

Dördün: Ayın yarısının aydınlık olduğu durum.

Dumrul: Dede Korkut hikayelerinde saf, yiğit, mert, cesur kahraman bir kişi.

Durak: Durma, dinlenme, yolcu taşıyan araçların durduğu yer.

Duran: Kımıldamayan, hareketsiz.

Durcan: Uzun ömürlü ol.

Durdu: Yaşadı, ölmedi.

Durkaya: Çocukları yaşamayanların doğan çocuklarına koydukları ad.

Durmuş: Sona ermiş. Çocuğu yaşamayanların; çocuk ölümleri artık durmuş, son bulmuş anlamına koydukları isim.

Durna: Eti yenen iri göçmen kuş. Turna.

Dursun: Artık çocuk ölümü sona ersin, bu çocuk yaşasın. Bu son çocuk olsun dileği ile konulan ad.

Duru: Saf, temiz, arı.

Durualp: Özü temiz yiğit, kahraman.

Duruhan: Özü temiz, soyu belli asil hükümdar.

Durukan: Kanı temiz kimse.

Durul: Temiz, berrak.

Durusan: Temiz insan.

Durusoy: Soyu temiz.

Düden: Yeraltı sularının gözleri, kanalları.

Dündar: İnci, sevgili.

Dürüst: Doğru, güvenilen, haram yemeyen kimse.

D

Kız Adları

Dahiye: Olağanüstü zekaya sahip, kavrayışlı, anlayışlı.Zekası herkesten üstün.

Dalya: Yıldız çiçeği, yüz sayısını aşmak.

Damla: Bir sıvıdan düşen küçük miktar.

Dariye: Ev ile ilgili. Divan edebiyatında evle ilgili yazılan manzumelerin adı.

Define: Gömü, yere gömülmüş veya enkaz altında kalmış değerli eşya, hazine.

Defne: Güzel kokulu yaprakları bazı yemeklerde kullanılan ağaç.

Delal: Nazlı, işveli.

Demet: Bir araya bağlanmış çiçek, buket. Ekin.

Deniz: Büyük su kütlesi. Deniz gibi engin, gani, gözü tok, varlıklı olan.

Derun: İç kısım. Kalb, gönül.

Derya: Çok bilgili.

Deryadil: Gönlü geniş.

Deryanur: Nur, ışık deryası.

Destan: Eski büyük olay ve kahramanlık hikayelerinin şiirle anlatımı, bu türden eser. Hile. Oyun.

Destar: Sarık.

Deste: Demet, tutam.

Destegül: Gül demeti. Mevlevilerin kollu yakasız gömleği. Bektaşilerin kolsuz uzun cübbeleri. Güler yüzlü kadın.

Devasa: Dev gibi, çok büyük.

Devletbegüm: Devlet hanım.

Diba: Atlas, alaca renkli ipek kumaş.

Dibace: Kitabın başlangıç kısmı, önsöz.

Dicle: Doğu Anadolu'dan doğup Basra körfezine dökülen büyük ırmak.

Didar: Çehre, yüz. Görüşme. Açık, meydanda. Güzel görünümlü kadın..

Dide: Göz, gözbebeği. Bakış.

Didem: Gözüm.

Dilan: Gönüller, yürekler.

Dilara: Gönül süsleyen, sevgili.

Dilasa: Gönül avutan.

Dilasude: Gönlü huzurlu, rahat olan.

Dilaşub: Gönlü karıştıran, alt üst eden. Elem, hüzün veren.

Dilazar: Gönül inciten. Gönlü bağlı olmayan. Gönüle eziyet veren.

Dilay: Gönlü aydınlatan ay, gönlü ferahlatan ışık.

Dilber: Gönül alan, alımlı.

Dilbeste: Aşık olmuş. Tutulmuş, sevdalı.

Dildar: Birinin gönlünü almış. Aşık olunmuş olan. Kalbi baskı altında tutan.

Dilefruz: Gönül aydınlatan, ferahlatan.

Dilek: Arzu, istek.

Diler: Talep eder, ister, temenni eder. Arzu eder.

Dilferah: Mutlu, sevinçli.

Dilfeza: Gönül genişleten.

Dilge: Ağzından bal akan, güzel konuşan kimse.

Dilhan: Gönlün arzusu. Gönlün istediği.

Dilhayat: Gönül yaşantısı, gönül hayatı.

Dilhun: Yüreği kanlı, çok üzüntülü.

Dilmaç: Tercüman. Çevirici. Bir yazı veya konuşmayı başka dile çeviren.

Dilmen: Tatlı dilli, konuşan güzel.

Dilmürde: Gönlü ölü, duygusuz.

Dilnaz: Nazlı ve işveli bir eda ile konuşan. Gönül etkilemek içni konuşan.

Dilnur: Gönlü nurla dolu.

Dilrah: Gönül yolu.

Dilruba: Gönül çalan, aşık eden, çekici güzel.

Dilşad: Sevilen kişi, gönlü hoş.

Dilşen: Gönlü neşeli, ferahlık veren. Etkileyici, şen şakrak konuşan.

Dilşükufe: Gönül çiçeği.

Dirim: Yaşama, yaşayış, hayat. Yaşama gücü. Gelişme halindeki fidan ve yaprakların büyüme özelliği olan uçları.

Dirin: Diriliğe dayalı. Hayatla yaşama cevheri ile ilgili.

Doğannur: Nurun doğması.

Dolunay: Ayın ondördü gibi güzel yüzlü.

Doyum: Ganimet almış, doymuş, ihtiyacı olmayan.

Doruk: Tepe, bir şeyin en yüksek kısmı, zirve, şahika.

Döndü: Hep kız çocuğu olanların, erkek olması için koydukları isim. Bekar kız.

Duahan: Dua okuyan, duacı.

Dudu: Hanım, kadın.

Durdu: Çok çocuklu ailelerde son bulmasını istedikleri son çocuğa verilen ad.

Duru: Berrak, temiz, açık, bulanık olmayan.

Durugül: Temiz, saf gül.

Duygu: His, hissedilen şey, duyulan.

Dürdane: İnci tanesi.

Dürefşan: İnci gibi söz söyleyen, inci serpen. İnci saçan.

Düriye: İnci gibi parlayan.

Dürnur: İnci ışığı.

Dürre: İnci tanesi.

E

Erkek Adları

Ebher: Çok parlak.

Ebhur: Denizler, deryalar.

Ebkem: Konuşmayan, sessiz, dilsiz.

Ebna: Oğullar, çocuklar. Sonraki nesiller.

Ebra: Kaçma, ürkütme, birdenbire ölme.

Ebrar: Sözü doğru olanlar.

Ebren: Evren, kainat, gök, sema, uzay.

Ebrük: Sebatlı, sabırlı, yılmayan, eziyete katlanan.

Ebsar: Gözler, görüşler.

Ebubekir: Bekir'in babası. Peygamberimizin en yakın arkadaşı. İlk halife. Lakabı "Sıddık"tır. Ebubekre: Su oluğunun babası. Taif kuşatmasında Peygamber (s.a.v.) Efendimizin çağrısına uyup kalenin su oluğuna yapışarak, İslam ordsuna iltihak edip müslüman olan Taif'li kölenin adı.

Ebu Hanife: Hanife'nin babası. Hanefi mezhebimizin kurucusu.

Ebu Hüreyre: Kedicik babası. En çok hadis rivayet edenlerden. Sahabinin ileri gelenlerinden. Bu adı O'na Peygamberimiz (s.a.v.) vermiştir.

Ebuzer: Altın, servet sahibi.

Ecmel: En güzel. En yakışıklı.

Edebali: Yüce bilge.

Edgü: İyi.

Edgüalp: İyi yiğit. Emsallerinden üstün kahraman.

Edgüer: İyi er. Emsallerinden üstün erkek.

Edgüsoy: İyi soy, asil temiz soylu. İyi bilinen soydan gelen.

Edhem: Karayağız at. İslam tarihinde meşhur sofi. Dünya saltanatını bırakan mutasavvıf.

Edip: Terbiyeli, edepli, nazik. Edebiyatçı.

Ediz: Ulu, değerli, yüksek yer. Dağların tepesi. Doruk.

Edris: Meyvesi hoş kokulu, kerestesi güzel kiraz.

Efadil: Seçkin olanlar, çok bilgililer. Üstün olanlar.

Efahim: En ulu büyük, saygıya layık.

Efazıl: En faziletliler, çok faziletliler.

Efdal: Tercihe şayan. Faziletli, üstün, erdemli.

Efe: Yiğit, kabadayı.

Efekan: Efe soyundan gelen.

Efendi: Sahip, malik. Sözü geçen.

Efgan: Ağlayıp, inleme. Figan etme.

Efgen: Yıkan, yere atan, yakıcı, düşürücü.

Efkar: İç sıkıntısı, düşünceler, kaygı.

Efken: Düşkün.

Eflah: Kurtulan, felah bulan, isteğine kavuşan, selamete çıkan.

Eflak: Felekler, semalar. Talih, baht.

Eflaki: Gökte oturan melek. Göklerle, sema ile ilgili.

Eflatun: Eski Yunan filozofu.

Efrahim: Hz. Yusuf'un ikinci oğlu.

Efraz: Ferdler, kişiler, şahıslar.

Efruz: Parıltı.

Efrad: Ferdler, kişiler, şahıslar.

Ege: Yaşça büyük olan kişi. Büyük, ulu. Sorumlu olan. Anadolu'nun batısındaki deniz ve bölgenin adı.

Egemen: Hakim. Hür, kendi kararını verebilen. Hükümran, bağımsız.

Egesel: Koruyucu, büyük, ulu.

Eğilmez: Baş eğmez, başkalarının hakimiyetini kabul etmez.

Eğin: Sırt, arka, omuz.

Eğmeç: Eğilmiş şekil, kavis.

Ehad: Tek Allah.

Ehaf: Çok hafif, pek hafif.

Ehak: Daha haklı, çok haklı.

Ehas: Çok has, en has. En saf, en özel.

Ehil: İşin ustası, becerikli, yetenekli. Sahip, ehliyetli, uzman.

Ehlimen: İnançlı kimse.

Ehlullah: Allah'a yönelmiş, evliya, Allah'ın adamı.

Ehven: Daha hafif, daha zararsız, daha az kötü.

Ejder: Kudret, güç, kuvvet sembolü. Yılana benzer yaratık.

Ekemen: Bilgili, tecrübeli, açıkgöz kimse.

Eker: Toprakla uğraşan. Ekip biçen çiftçi.

Ekiner: Kültürlü, aydın kimse.

Ekmel: En mükemmel, eksiksiz, olgun.

Ekmeleddin: Dinin en olgun kişisi.

Ekrem: Cömert, bol kerem sahibi.

Ekser: Mıh, büyük demir çivi.

Ekvan: Dünyalar, alemler, varlıklar.

Elbek: İl beyi. Vali. Barış yanlısı.

Elçi: Aracı, temsilci. Devlet temsilcisi. Dargın tarafları barıştıran.

Eldemir: Demir gibi güçlü el.

Elfaz: Sözler, sözcükler.

Elgin: Yurdundan ayrılmış, garip. Yabanda bulunan, yabancı.

Elhan: Ezgiler, nağmeler, sesler.

Elhap: Uzun susma esnasında oynanan çocuk oyunu.

Elvan: Çok renkli, renkler.

Elveda: Allah'a emanet olun manasına, ayrılık hitabı.

Elyesa: Kur'anda adı geçen Peygamber. Yasa, kanun getiren.

Eman: Güvence, emniyet, himaye.

Emanet: Koruyacağına güvenilen. Birine tekrar almak üzere bir şey bırakma.

Emanetullah: Allah'ın emaneti.

Emanullah: Alah'ın emanetinde, himayesinde, güvencesinde olan.

Emced: En şerefli, şanlı, haysiyetli, onurlu. Yüce, ulu, büyük kimse.

Emeç: Yamaç. Hedef. Yosunların kökü andıran tutunma organları.

Emek: Uzun özenli çalışma. Gayret harcama.

Emin: Güvenilir, güven içinde olan.

Emir: Hükümdar. Buyruk, buyurma.

Emirhan: Han buyruğu.

Emrah: Saz çalıp oynayan.

Emran: Hayvan derileri, postları.

Emre: Arkadaş, canlı, aşık, tutkun.

Emreddin: Dinin emirleri.

Emri: Emirle ilgili. Emre ait.

Emrullah: Allah'ın emri.

Emsal: Katsayı. Yatış. Denk, eş, benzer. Misal. Hikayeler, efsaneler, destanlar.

Enam: Kur'an-ı Kerim'de sure adı.

Ender: Pek az, pek seyrek bulunan. Eşsiz, benzersiz.

Ener: En kahraman, en yiğit.

Energin: En olgun. En kamil, en gelişmiş.

Enes: İnsan.

Enfal: Ganimetler. Kur'anda bir sure adı.

Engin: Geniş görüşlü. Enli, geniş.

Enginalp: Değerli, yiğit. Varlıklı büyük kahraman.

Enginay: Çok geniş, yüksekte olmayan ay.

Enginer: İyi, güzel, değerli insan. Varlıklı erkek.

Engür: Çok gür, bereketli.

Enhar: Kur'an-ı Kerim'de cennetlerin altından akan ırmak.

Enis: Cana yakın, dost, arkadaş, tanıdık.

Ensab: Soylar, nesepler.

Ensaf: Çok insaflı, çok merhametli.

Ensar: Yardımcılar, yakınlar.

Ensarullah: Allah'ın yolunda, Rasulullah'a yardım edenler.

Envar: Parlaklıklar. Nurlar, ışıklar, aydınlıklar.

Enver: Çok nurlu, çok parlak ışıklı.

Eralp: Yiğitler yiğidi.

Eraltay: Yiğit, gösterişli, kırmızı tay.

Eray: Ay yüzlü yiğit.

Erbaş: Erler, rütbesiz askerler. Yiğitlerin başı.

Erbaşat: Karakterce herkese baskın yiğit.

Erbatur: Yiğit, cesur.

Erbay: Efendi ve zengin er.

Erbek: Yiğit, cesur bey.

Erben: Benli, cesur ve yiğit erkek.

Erberk: Şimşek gibi yiğit.

Erboğa: Boğa gibi güçlü.

Erboy: Yiğit soydan gelen erkek.

Ercan: Yiğit can. Canlı, korkusuz yiğit.

Ercihan: Dünyanın tanıdığı erkek.

Ercivan: Genç erkek.

Ercüment: Haysiyeyetli, saygın, şerefli. Muhterem, seçkin, aziz, itibarlı.

Erçetin: Sert erkek.

Erçevik: Hızlı, çevik erkek.

Erda: Ağaç kurdu.

Erdal: Dal gibi, sırım gibi yiğit, güvenilir er. Ağacın en büyük ve en sağlam dalı.

Erdem: Doğruluk, iyilikseverlik, alçak gönüllülük, ahlakça üstünlük. Faziletli, üstün nitelikli.

Erdemalp: Erdemli yiğit. Kahraman kimse.

Erdemer: Erdemli kimse.

Erdemir: Demir gibi güçlü erkek.

Erdemli: Faziletli. Üstün.

Erdeniz: Deniz gibi engin erkek.

Erdeşir: Kahraman, aslan yürekli yiğit.

Erdi: Yetişti, büyüdü, amacına ulaştı.

Erdil: Gönül eri. Gönlü zengin er. İyi kalbli.

Erdim: Liyakatli, hünerli, becerikli erkek.

Erdin: Olgun erkek, olgunlaşmış, muradına ermiş.

Erdinç: Dinç ve sağlam yapılı, sağlam karakterli yiğit.

Erdoğan: Yiğit doğan, doğuştan er. Zamanından erken doğan.

Erdönmez: Sözünün eri, doğru sözlü.

Erduran: Uzun ömürlü erkek. Sabit bir yere gitmeyen.

Erdurmuş: Uzun ömürlü erkek.

Erdursun: Uzun ömürlü olması istenen erkek.

Erek: Amaç, gaye, hedef, kale, hisar.

Ereken: Gayesine eren, amacına ulaşan.

Erel: Güçlü el, erkek eli.

Eren: Ermiş, bilge, olgun. Cesur, yiğit kişi. Gerçeğe ulaşan.

Erenalp: İyi yetişmiş yiğit.

Erenay: Hedefine ulaşan, ay gibi erkek.

Erendiz: Gezegenlerin en büyüğü; güneşe en yakın olan jüpiter.

Erengüç: İyi yetişmiş, hedefine ulaşan güçlü erkek.

Erensoy: Soyu ermişlerden olan kimse.

Erentürk: Amacına ulaşan ve iyi yetişmiş Türk.

Erer: Kavuşur, ulaşır.

Erez: Acıbadem ağacı.

Ergalip: Galip gelen, yenen, üstün.

Ergazi: Din için savaşmış erkek.

Ergenç: Genç erkek.

Ergener: Ergin, evlenecek çağa gelmiş yiğit.

Ergi: Güzel bir şeye ulaşma.

Ergin: Olgun, tecrübeli.

Erginalp: Ogunlaşmış, yiğit ve cesur kimse.

Erginbek: Olgunlaşmış bey.

Ergincan: Olgun ruhlu kimse.

Ergökmen: Sarışın, mavi gözlü.

Ergönül: Gönül eri, iyi insan.

Ergun: Yumuşak huylu.

Erguner: Hızlı erkek.

Ergüç: Erkek gücü.

Ergüder: Çevresini sevk ve idare edebilecek erkek.

Ergül: Erken açan güle benzetilen erkek.

Ergüleç: Güler yüzlü erkek.

Ergümen: Amacına, isteğine kavuşan.

Ergün: Yumuşak, uysal kimse. Sulu saf kar. Sert başlı oynak. İyi koşan at.

Ergüner: Yumuşak huylu, uysal erkek.

Ergüven: Kendine güvenen ve güvenilen kimse.

Ergüvenç: Güven duyulan kimse.

Erhan: Yiğit, adaletten ayrılmayan hükümdar.

Erib: Akıllı, zeki kimse. Olgun.

Eriker: Yürekli, becerikli adam. Ermiş kişi.

Erim: Vakıf olmak, yetmek, bir şeyin erebileceği mesafe.

Erimşah: Erişebilen, herşeye yakın hükümdar.

Erinç: Rahat, huzur. Nimet, bolluk.

Eriş: Uyanık, zeki.

Erkal: Yiğit yaşa, yiğit kal.

Erkam: Yazılar, rakamlar, resimler.

Erkan: Büyükler. Yiğit kanı taşıyan.

Erkel: Kuvvetli, kudretli, güçlü.

Erkılıç: Yiğit, kılıç gibi yiğit.

Erkin: Özgür ve güçlü, bağımsız.

Erkinay: Çalışan erkek.

Erkiner: Bağımsız, özgür insan.

Erkman: Sözü geçen, etkili kişi.

Erkoç: İri güçlü erkek.

Erksan: Tanınmış etkili erkek.

Erksoy: Güçlü soydan gelen. Soyu hür olan.

Erksöz: Hür, kendi iradesi ile söylenen söz.

Erksun: Kuvvetini gösteren.

Erkul: Kuvvetli, güçlü.

Erkut: Kutlu, uğurlu yiğit.

Erkutay: Uğurlu ayda doğan çocuk.

Erkurt: Kurt gibi, baş eğmez erkek.

Erküz: Coşkun, taşkın, cevval.

Erman: Pişman olma, istek, arzu.

Ermiş: Allah'a yönelmiş kimse, veli, aziz.

Eroğuz: Yiğit kimse. Saf. Mübarek olan. Tosun gibi güçlü erkek.

Erokay: Seçkin, beğenilen kimse. Herkesin takdir ettiği gözde olan.

Erol: Dürüstlük ve yiğitlikten dönmeyen. Sözünde duran.

Erozan: Erkek şair, ozan.

Eröz: Özü erkek, yiğit olan.

Ersal: Yiğitliğinle tanın.

Ersalmış: Yiğitlik ve cesaretiyle tanınmış.

Ersan: Adıyla, sanıyla ünlenmiş erkek, güçlü, güzel.

Ersavaş: Erkek savaşçı, korkusuz, yiğit savaşçı.

Ersayın: Saygıdeğer kimse.

Erseç: Seçkin ol.

Ersen: Kurultay, kongre, meclis.

Erseven: Seven erkek.

Ersin: Her isteği olsun, muradına kavuşsun. Allah indinde ermişlerden olsun.

Ersöz: Yiğit sözlü.

Erşad: Sevinçli, mutlu erkek.

Erşahan: Şahin gibi kuvvetli.

Erşahin: Erkek şahin. Yırtıcı erkek kuş.

Erşan: Cesurluğuyla tanınmış kişi.

Erşed: Mutlu, neşeli erkek.

Ertan: Yaprağı ile deri boyanan bir nevi ağaç. İlk tan ağarması.

Ertaş: Taş gibi erkek.

Ertek: Tek yiğit, eşsiz.

Ertekin: Soylu erkek. Yiğit şehzade.

Ertem: Erdem, fazilet sahibi. Sözüne güvenilir.

Erten: Sabah güneşin doğduğu zaman, gün.

Ertok: Yiğit, gözü tok erkek.

Ertop: Gürbüz er. Topçu eri.

Ertuğ: Sorguç tutan erkek. Tuğ tutan, tuğ taşıyan.

Ertuğrul: Osmanlı Hanedanının kurucusu. Yırtıcı kuşa benzeyen erkek. Temiz yürekli, doğu sözlü erkek.

Ertunç: Tunç renkli erkek.

Ertüze: Usul kaidesi olan erkek.

Eryalçın: Güçlü, yiğit, boyun eğmeyen kimse.

Eryaman: Becerikli, güçlü.

Eryavuz: Cesur, korkusuz.

Eryıldız: Yıldız gibi parlak.

Erzan: Ucuz, uygun, münasip, layık.

Esat: Çok mutlu, hayırlı ve uğurlu.

Esed: Arslan, yiğit.

Esedullah: Allah'ın arslanı.

Esedüddevle: Devletin arslanı. Devletin yiğit kahramanı.

Esedüddin: Dinin arslanı.

Esef: Hüzün, gam, pişmanlık, üzüntü.

Esen: Sağlıklı, sağ salim. Sağlam.

Esenboğa: Sağlıklı boğa gibi olan kimse.

Esentürk: Sağlıklı, güçlü Türk.

Eser: Tesir, etki, nişan, iz, icat. Yapılmış, ortaya konulmuş şeyler.

Esin: Tatlı esen sabah yeli. Birden bire akla gelen, içe doğan fikir, duygu, ilham.

Eslem: Kendini bütünüyle Allah'ın dinine adamış, en doğru yolda olan.

Esved: Kara, siyah, esmer.

Eşar: İyi şair, kıllar, tüyler, koyunun tırnakları arasındaki kıllar. Manzum ve güzel yazılar, şiirler.

Eşay: Ay kadar güzel. Aya eş olacak nitelikte.

Eşca: En yiğit, en cesur.

Eşfak: Çok şefkatli.

Eşir: Çok sevinçli.

Eşraf: Şerefli, hayırsever zengin kimseler.

Eşref: Çok şerefli.

Etem: Noksansız, tamam, üstün. Kusursuz.

Ethem: Kara yağız at. Güçlü ve yürekli er.

Etrek: Rengi kızıla çalan sarışın. Ertuğrulgazi'nin lakabı.

Evcan: Evine bağlı, evde uğraşan imse.

Evcimen: Ailesine, evine bağlı.

Evfa: Çok vefalı, sözüned duran, sözüne bağlı.

Evin: Tohum, tane.

Evlek: Su yolu. Ev yapacak bü yüklüket arsa. Bir teneke dolusu buğday ekilebilen tarla.

Evliya: Allah'ın dostları, veliler, erenler, keramet sahibi kimseler. Koruyanlar, himaye edenler.

Evren: Dünya, cihan, bütün yaratılanlar, kainat.

Evvel: Önce, ilk, başlangıç. Allah'ın sıfatlarından.

Eymen: Daha uğurlu, kutlu. Sağ yandaki.

Eyyüp: Sabırlı. Tövbe eden. Kur'anda adı geçen peygamber.

Ezel: Başlangıcı olmayan geçmiş zaman.

Ezelhan: Uzun saltanatlı, hükümdarlık ömrü uzun olan.

Ezhan: İnsanda akıl, fikir, zeka, kavrayışlar.

Ezher: Çok parlak, çok ışıklı.

Ezinç: Azap, eziyet, haksızlık.

Ezrak: Gök renkli, mavi olan. Saf, duru, temiz su.

Ezyal: Ekler, zeyiller, etekler, kuyruklar.

E

Kız Adları

Ebhar: Denizler.

Ebher: Atardamar.

Ebhire: Buharlar, buğular, dumanlar.

Ebin: Evin, hububat tanesi.

Ebrac: Burçlar, kale burçları.

Ebren: Evren. Kainat. Sema. Gökler.

Ebru: Kaş. Dalgalı renkli. Süsleme sanatı.

Ece: Kraliçe. Güzel, iyi.

Ecegül: Gül yüzül kraliçe.

Ecehan: Güzel kraliçe.

Ecem: Benim kraliçem, büyüğüm.

Eda: Davranış, tarz, naz, işve. Sevimli güzel. Yerine getirme, ödeme.

Edagül: Gül yüzlü, nazlı güzel.

Edgü: İyi, güzel. Bırakılan iz. Hareket. Kudretli.

Edibe: Terbiyeli, edepli, bilgili.

Efdal: Tercihe layık, yüksek derece, mevki.

Efhem: Zihni açık olan, hemen anlayan.

Efruz: Parıltı, şule. Gösterişli, güzel. Etrafı aydınlatan, ışık saçan.

Efruze: Parıltı, şule.

Ege: Sahip, yaşça büyük, ulu. Bir çocuğu koruyan, işlerine bakan velisi.

Ekim: Toprağa tohum ekme işi. Güneş takviminde onuncu ay. Orta güz. Hububat, toprak mahsulleri.

Ela: Ala. Gök mavisi, açık mavi. Kül rengine çalan mavi. Kestane rengi.

Elanur: Ela gözün ışığı.

Elfiye: Manzumeler.

Elhan: Nağmeler, ezgiler.

Elif: İslami alfabenin ilk harfi. Dost, tanıdık.

Elife: Dost. Yumuşak başlı. Sahip.

Elmas: Çok kıymetli parlak taş, pırlanta. Çok sevilen, temiz kalbli kişi.

Emanet: Emniyet edilen kişiye verilen eşya veya kimse. Bir kimse ile gönderilen.

Elnaz: Nazlı.

Elvan: Rengarenk, alaca.

Emel: Şiddetli arzu, kuvvetli istek, ümit.

Emeti: Hala.

Emine: Güvenilir, inanılır, korkusuz.

Emire: Hükümdar eşi, güç ve otorite sembolü.

Emriye: Emirlere uyan.

Endam: Beden, ten, boy, vücut.

Enise: Dost, arkadaş.

Eray: Ay yüzlü cesur.

Erdemay: Becerikli, hünerli, faziletli, edepli, terbiyeli, aydın, ileri görüşlü.

Erenay: Dolunay. Ay yüzlü olgun kız.

Erengül: Olgun gül, tam açmış gül, güler yüzlü.

Erensu: Erişen, yetişen su. İyi huylu, olgun kız.

Ergenay: Evlenecek çağa gelmiş, ay gibi güzel kız.

Ergi: Mazhariyet, iyi bir şeye erişme hali.

Erginay: Olgunlaşmış, ayın ondördü gibi.

Erguvan: Süs çiçeği ağacı.

Ergül: Erken açan gül.

Eribe: Olgun, akıllı, zeki, anlayışlı.

Erma: Cilveli, pek güzel.

Ermen: Mübarek, mukaddes.

Ersevim: Canayakın, sevimli.

Ervin: Şeref, itibar, deneme, tecrübe.

Esen: Sağlıklı, mutlu, rahat, huzurlu, zeki, akıllı.

Esengül: Sağlıklı, güleryüzlü ve mutlu.

Esengün: Mutlu, ferah gün.

Eser: Yapılan, var edilen. Emekle ortaya çıkarılan.

Esin: Yavaş, tatlı esinti. İçe doğan düşünce, duygu, ilham.

Esma: İsimler.

Esmah: Eli açık olan. Çok cömert, çok sakavet sahibi olan.

Esmahan: İsimler, işitme, duyma.

Esman: Kıymetler, değerler.

Esmanur: Nurlu isimler.

Esme: Esmek.

Esmer: Saçları, teni koyu buğday renginde olan.

Esmeray: Esmer ay. Ay yüzlü güzel esmer.

Esra: En çabuk, en hızlı.

Esved: Siyah, esmer.

Evin: Tane, tohum. Buğday tanesinin olgunlaşmış olanı. Bir şeyin içindeki öz.

Evla: Hayırlı amel, üstün, daha uygun. Münasip.

Evnur: Güzel kız. Evin nuru.

Evra: Hisar.

Evşen: Evin neşesi, ev neşesi, şenliği.

Eylül: Sonbaharın ilk ayı. İlk güz.

Ezfer: Güzel kokulu.

Ezgi: Müzik nağmesi, haz veren ses, müzikte usul.

Ezgü: Hava, makam. Eziyet çektirme, zulmetme.

Ezra: Beyaz kulaklı, siyah at. Pek fasih, konuşma.

Ezrak: Mavi gözlü.

F

Erkek Adları

Fadıl: Faziletli, erdemli, üstün ahlaklı.

Fadır: Zayıf, güçsüz. Yaşlı dağ keçisi.

Fadl: Erdemlilik, fazilet, iyilik, lütuf.

Fahamet: Büyüklük, kadri yüksek.

Fahhar: Çanak, çömlek. Kendini beğenen.

Fahim: Çok kuvvetli, itibarlı, saygın, büyük.

Fahir: İftihar edilecek, onurlu, değerli.

Fahrettin: Dinin övdüğü, büyüğü, ulu kişisi.

Fahri: Erdemli, onurlu.

Fahur: İç açıcı.

Faik: En üstün, seçkin.

Faiz: Zafer kazanan.

Fakih: Hukuk bilgini.

Falih: Felah bulan, başaran, isteğine kavuşan, kurtulan.

Farabi: Farablı. Büyük İslam filozofu.

Farig: Rahat, huzurlu. Vazgeçmiş, çekilmiş, boş kalmış, işsiz.

Faris: Ferasetli, usta.

Faruk: Haklıyla haksızı, iyi ile kötüyü ayıran.

Faruki: Hz. Ömer'in adaleti üzere. Hz. Ömer'e ait.

Faryab: Dere ve ırmak suyu ile sulanan yer.

Fasih: Düzgün konuşan.

Fatih: Fetheden.

Fatin: Akıllı, uyanık.

Faysal: Kararlı. Keskin kılıç.

Fazıl: Erdemli, üstün.

Fazlı: Erdemli.

Fazlullah: Allah'ın fazileti, erdemi, lütfu. Üstün olan, kıymetli.

Fecir: Güneşin doğmaya başlaması.

Fecri: Nurlu, aydınlık. Sabah tan atarken doğan.

Feda: Gözden çıkarma, kurban, uğruna bağışlama.

Fedai: Vatanı ve millet ve kutsal değerler uğruna canını vermeye hazır kişi.

Fedakar: Canını feda eden.

Fehham: Çok anlayışlı, çok zeki.

Fehmi: Zeki, anlayışlı.

Felah: Kurtuluş, selamete erme.

Felak: Gün ağarması.

Fener: İçinde ışık kaynağı bulunan şeffaf mahfazalı ışıtıcı lamba.

Fenni: Fenne mensup, fen ile ilgili, fen sahibi. Teknik bilgisi olan.

Ferağ: Serin rüzgar.

Ferahfeza: Rahatlık. Bir lale türü.

Ferahi: Asker feslerinin üzerinde metal tepelik, inzibat çavuşlarının boyunlarına taktıkları kanun yazılı ay plaka.

Feramuş: Unutulmuş.

Feraşet: Kabe ve Peygamberimizin mezarının temizlik işi.

Ferdi: Tek, eşsiz.

Ferec: Gamdan, tasadan, sıkıntıdan kurtulma. Sevinme.

Feres: At.

Fergan: Işık saçan.

Ferhat: Cüsseli, güzel. Galip gelen, kazanan.

Ferhan: Sevinçli, neşeli.

Ferit: Eşsiz, tek.

Ferudun: Eşsiz, benzersiz, tek. Sekizinci gök.

Feridüddin: Dinin benzersiz kişisi.

Ferik: Saçta kavrulmuş buğday, kavurga. Dişi piliç.

Ferit: Avcı kuş. Katılaşmış şey.

Ferkad: Kuzey kutbuna yakın iki yıldızdan her biri.

Ferman: Buyruk, emir.

Fermani: Emir, ferman almış, ruhsat almış.

Fermend: Mevki sahibi ve şerefli olan.

Ferruh: Uğurlu, kutlu. Nur yüzlü.

Ferruhi: Meymenet, uğurluluk. Kutsallık. Nurlu insan.

Fesh: Hükümsüz kılma, bozma, dağıtma.

Fesahat: Açıklık, duruluk.

Fesih: Geniş açık.

Feta: Genç yiğit, kerem sahibi.

Fetanet: Zeyreklik, zihin açıklığı, anlayış ve kavrayış kabiliyeti yüksek olma hali.

Fethi: Fetihte görev alan. Fetheden, gönül alan.

Fethullah: Allah'ın fetih görevi verdiği kişi.

Fetih: Fethetme. Zafer kazanma.

Fettah: Fetheden, zafer kazanan. Zorlukları aşan, kolaylaştıran.

Fevkani: Üstte, yukarıda bulunan.

Fevzi: Kurtulmuş, galip gelmiş, selamete ermiş.

Feyiz: Artma, çoğalma, bereket, nimet, ihsan.

Feyyaz: Bolluk, bereket.

Feyzi: Üstün, değerli, bereketli. İlim sahibi.

Feyzullah: Allah'ın bereketi. İlim ve irfan vererek üstün kıldığı.

Fezzan: Büyük sahrada bir bölge. Fizan.

Fırat: İlk gelen su. Tatlı su, can suyu.

Fıtri: Yaradılıştan, doğuştan.

Fidan: Yeni yetişen ağaç.

Fikret: Düşünme, niyet etme, fikretme.

Fikri: Fikir ve düşünce ile ilgili. Düşünmeden karar vermeyen.

Firas: Mert, yiğit, at yetiştirici, binici.

Firaz: Yükseklik, yokuş.

Firdevsi: Cennet, bostan, bahçe.

Firuz: Mesut, sevinçli, uğurlu, iyi bahtlı.

Firuzan: Parlayan, nurlu, aydınlatan, çok parlak.

Fuat: Kalb, yürek, gönül.

Fudayl: Erdemli, faziletli.

Furat: Fırat'ın başka şekilde söylenişi.

Furkan: İyiyi kötüden ayırt eden, doğruyla yanlışı birbirinden ayıran.

Fuzuli: Boşuna, yersiz, gereksiz.

F

Kız Adları

Fadıla: Faziletli, erdemli, olgun.

Fadik: Fatma'nın başka şekilde söylenişi.

Fadime: Fatma'nın başka şekilde söylenişi.

Fahime: Anlayışlı, akıllı.

Fahire: Övünülecek, övülecek kimse.

Fahriye: Erdemli, onurlu, övülmeye değer.

Fahrünnisa: Kadınların övüncü. Övünmeyi hak eden kadın.

Faika: Üstün, seçkin.

Faize: Başaran, artan, arttıran.

Fatine: Uyanık, zihni açık.

Fatma: Kucaktan ayrılmış, sütten kesilmiş.

Fatmacık: Küçük Fatma, sevgili Fatma.

Fatmagül: Gül yüzlü, güleryüzlü, güzel Fatma.

Fatmanur: Yüzü nurlu Fatma. Uğurlu Fatma.

Fatine: Uyanık, zeki, anlayışlı, kavrayışlı. Zihni açık.

Fatoş: Fatma'nın başka şekilde söylenişi.

Fayiha: Güzel kokulu çiçek veya meyve kokusu. Hoşa giden kokusu olan.

Fazıla: Faziletli, erdemli.

Fazilet: Değer, meziyet, erdem.

Fecriye: Gün doğmadan önce şafak vakti.

Fehamet: Ululuk, itibar, büyüklük. Değer.

Fehime: Anlayışlı, idrak eden.

Fehmiye: Anlayışlı.

Fenniye: Fen ile ilgili, fen sahibi. Fenni bilgisi yüksek olan.

Ferah: Sevinç, gönül açıklığı.

Ferahfeza: Sevinç arttıran, neşelendiren.

Ferahnak: Sevinçli, gönlü ferah.

Ferahnaz: Nazlı kız.

Ferahşan: Mutluluk ve ferahlık veren.

Feramuş: Unutma.

Feraset: Anlayışlı, sezgisi kuvvetli.

Feray: Ayın ışığı, parlaklığı.

Feraye: Ferahça, aydınlıkça.

Ferda: Yarın, ertesi gün, gelecek, istikbal.

Ferdağ: Dağ gibi güçlü.

Ferdane: Tek ışık.

Ferhal: Kıvırcık, uzun, dolaşıksız saç.

Ferhunde: Mübarek, kutlu, uğurlu, mesut.

Feride: Benzersiz, eşsiz.

Feriha: Ferahlık, sevinç.

Ferihan: Razı, hoşnut, ferah, sevinçli.

Ferişte: İyi huylu. Gürahsız. Melek.

Ferma: Buyuran, emreden.

Ferve: Kürk ile kaplanmış giyecek.

Ferzan: Emsallerinden ileri. Hakim. Alim.

Ferzane: Seçkin, üstün, bilgili.

Fesahat: Açıklık, duruluk.

Fesihe: Ferah, duru, açık.

Fetanet: Zihin açıklığı, kavrama kabiliyeti.

Fethiye: Fetihe katılan.

Fettan: Gönül alıcı, gönül çekici. Fitne koparıcı.

Fevriye: Düşünmeden, fevri hareket eden.

Fevvare: Su fışkırtan fıskiye.

Fevziye: Kurtulmuş, selamete ermiş.

Feyha: Engin, geniş, kocaman.

Feyza: Şanlı, ünlü.

Feyzan: Taşma, bereket. Aydınlık.

Feyziye: Bolluk, verimlilik, ilim, bilgi dağıtan.

Feza: Uzay, genişlik, sonsuzluk.

Fıtnat: Zihni açık.

Fidan: Yeni yetişen ağaç.

Fidangül: Gül fidanı, güler yüzlü, güzel tenli.

Figan: Acılı ses, inleme. Çığlık, feryat. Hale.

Figen: Yıkan, dağıtan. Gölge eden. Demet.

Fikriye: Üstün fikirli.

Filiz: Ağaç ve çiçeklerin sürgünü.

Firakiye: Ayrılığı konu edinen şiir.

Firaset: Anlama, kavrama, sezme kabiliyeti.

Firdevs: Cennet. Bağ, bahçe.

Firkat: Ayrılık, ayrı kalma.

Firuze: Gök renginde değerli taş.

Fitnat: Zihin açıklığı. Çabuk kavrama ve anlayışlı olan. Divan edebiyatı şairesinin adıdır.

Fulya: Güzel kokulu, soğan köklü, sarı renkli çiçek.

Funda: Çalılık, çalı ormanı. Verimli toprak. Süpürge otu.

Fügen: Yıkıcı, atıcı, düşürücü.

Füsun: Sihir, büyü. Büyüleyen güzel.

Fürüzan: Parlak, parlayan, parlayıcı, nurlu.

G

Erkek Adları

Gabir: İstikbal, gelecek zaman.

Gabit: Çukur yer, üstüne mahfe bağlanan kuvvetli hayvan.

Gadir: Durgun su, gölcük.

Gaffar: Merhamet eden, bağışlayan.

Gafir: Affeden, mağfiret eden.

Gafur: Affeden, bağışlayan, merhamet eden.

Galip: Yenen, üstün gelen. Daha kuvvetli.

Gani: Çok zengin. Gönlü zengin, fazla malda gözü olmayan.

Ganim: Ganimet alan.

Garib: Kimsesiz, zavallı. Yabancı, gurbette olan. Tuhaf, şaşırtıcı halleri olan.

Gavs: Çağırma, nida. Yardım isteme. Dalgıç. Suya dalma.

Gavsi: Tarikat piri. Yardımcı. İmdada yetişen.

Gaza: Din uğruna kafirlerle yapılan savaş.

Gazal: Ceylan, geyik.

Gazzali: İplikçi.

Gazanfer: İri arslan, korkusuz, cesur, yürekli.

Gazel: Kuruyarak dökülmüş ağaç yaprağı. Divan edebiyatında bir nazım şekli.

Gazi: Gaza eden, savaşan. Savaşta yaralanan.

Gaziyuddin: Din uğrunda çalışan, din için savaşan.

Gencal: Gençleş.

Gencay: Yeni ay. Ay yüzlü genç.

Gencer: Genç yiğit.

Genco: Gencay'ın bozulmuş şekli.

Genç: Orta yaşa girmemiş olan kişi.

Gençalp: Genç yiğit.

Gençay: Ay yüzlü genç. Yeni ay, hilal.

Gençtürk: Genç, güçlü ve zinde Türk.

Gevheri: Pırlanta gibi, cevher gibi kimse.

Gezgin: Gezen, seyahat eden, seyyah.

Gıyas: Yardım eden, imdada koşan.

Gıyaseddin: Dinin yayılmasına yardım eden.

Girami: Ulu, saygıdeğer, muhteşem, aziz, saygın.

Giray: Uygun, layık. Kudretli.

Girayalp: Liyakatli, değerli, saygıdeğer yiğit.

Girgin: Girişken, sokulgan.

Giryar: Ağlayan.

Gökalp: Gök gözlü, semavi, güzel yiğit.

Gökay: Gök ve ay kadar aydınlık, uğurlu, değerli. Mavi ay. Ay yüzlü, gök gözlü.

Gökbel: Yüksek, yeşil dağların geçit veren yeri.

Gökcan: Mavimsi yeşil gözlü, cana yakın.

Gökçek: İnce, narin, zarif, cana yakın, hoş, çok güzel.

Gökçül: Maviye çalar, mavimsi renk, beyaz benekli mavi.

Gökdal: Gök, yeşil ağaç.

Gökdoğan: Gök gözlü doğan.

Göksal: Kök sal. Göklere ününü yay.

Göksel: Göğe ait. Gök yüzüyle ilgili.

Göksoy: Göklerin soylusu.

Göktay: Göğe yükselen mavimsi yeşil dağ. Gri renk donlu tay.

Göktepe: Mavi tepe, tamamı yeşermiş tepe.

Gönen: Nem, su birikintisi, gölcük.

Gönenç: Mutluluk, dirlik, varlık.

Görkem: İhtişam, gösteriş, heybet.

Gözer: İri gözlü kalbur, büyük kalbur.

Gufran: Günahların affı.

Gücek: Kırmızı bezden yapılan kolsuz kadın yeleği. Kısa boylu, bodur.

Güçlü: Gücü olan kuvvetli.

Güftar: Söz, laf, lakırdı.

Gülabi: Gül suyu.

Gülbay: Gülen zengin, güllü zengin.

Gülbey: Gülen, başaran bey.

Güleç: Güleryüzlü.

Gülhan: Güler yüzlü, neşeli han, sevimli hükümdar.

Gültekin: Gülen prens. Yüzünde güller açan, eşi benzeri bulunmaz kişi.

Gün: Gündüz. Güneş. Hayat.

Günay: Güneş ve ay gibi nurlu, kutlu.

Günbay: Başarılı, zenginlik getiren gün.

Günbey: Aydın düşünceli adam.

Gündoğan: Güneş doğarken doğan.

Gündoğdu: Doğu yönü. Doğu rüzgarı.

Gündüz: Gündüz doğan. Geleceği parlak ve aydınlık.

Gündüzalp: Gündüz doğan yiğit.

Güney: Cenup. Kuzey yönünün karşısı.

Güner: Aydın, bilgili. Tan vakti doğan, aileye dirlik ve uğur getiren.

Güneri: Günün yiğidi. Aydın ve bilgili.

Güneş: Dünyaya ve bütün gezegenlere ışık ve ısı veren yıldız.

Güngör: İyi günler gör, mutlu yaşa.

Günhan: Mete Han'ın birinci oğlu. Bozokların birinci boyunun atası.

Günindi: Batı güneşinin inip battığı yön.

Günkut: Uğurlu gün. Günün uğuru, aydınlığı ve bereketi.

Güntekin: Güneş prensi. Eşsiz değerde aydın kişi.

Günsel: Sert, taşkın sel.

Günvar: Gün gibi, nurlu, ışıklı, aydınlık.

Güray: Bereketli ay.

Gürbaş: Gürbüz, esen baş.

Gürbüz: Güçlü, canlı, sağlıklı. Serpilmiş, genç irisi.

Gürcan: Güçlü can. Sağlıklı ve güçlü.

Gürdal: Çok yapraklı, meyvesi bol dal.

Gürel: Kuvvetli, sağlıklı ve becerikli.

Gürgan: İran'ın kuzeydoğusunda bir belde.

Gürhan: Güçlü, kuvvetli, han, hükümdar.

Gürkan: Gür, sağlam kanlı, soylu.

Gürol: Mutluluk getiren. Sağlık ve esenlik sebebi.

Gürsel: Seller gibi bolluk ve sağlık getiren.

Gürsu: Fışkıran su gibi hayat dolu. Sağlıklı ve güzel ahlak sahibi.

Güven: İtimat, cesaret, yüreklilik veren.

Güvenalp: Güvenilen yiğit. Her bakımdan itimatlı, emniyetli kahraman kimse.

Güvenç: Gurur, kendine itimat, güvenme.

Güvez: Mora çalan koyu kırmızı.

Güzey: Güneşsiz yer. Kuzey.

Güzir: İlaç, çare, derman.

G

Kız Adları

Gabra: Dünya, yeryüzü.

Gade: Teni yumuşak.

Gadire: Saç örgüsü. Çulha çukuru.

Galibe: Galip gelen, hısmını yenen, üstün gelen. Rakibini mağlup eden.

Gamze: Göz kırpıp, süzgün bakış. Çene çukuru.

Ganime: Ganimet, değerli şey alan.

Ganimet: Savaşta düşmandan alınan mal, silalı, kıymetli eşya.

Ganiye: Gönlü zengin.

Garibe: Yabancı, kimsesiz. Gurbette olan. Tuhaf ve şaşırtıcı halleri olan.

Gaye: Netice. Maksat. Son. Meram. Amaç. Hedef.

Gayret: Çekememe, kıskançlık, iş yapma, çalışma. Kutsal şeyleri düşmandan koruma duygusu.

Gazal: Geyik yavrusu. Ahu bakışlı güzel ve ürkek kız.

Gazel: Ağaçta kurumuş yaprak. Bir şiir türü.

Gelin: Evlenmeye hazırlanan kız, yeni evli.

Gelincik: Yazın kırlarda yetişen kırmızı çiçek.

Gevher: Elmas, kıymetli taş.

Gilşah: Balçık şah.

Gizem: Gizli, sırlı. Aklın çözemediği soru.

Gonca: Henüz açılmamış gül, tomurcuk.

Goncagül: Henüz açılmamış güle benzeyen güzel kız.

Göğem: Bir tür dağ eriği. Yeşile yakın mor renk.

Göğende: Süslü giyimli kadın. Çengi.

Gök: Sema, mavi renk.

Gökbel: Gökyüzüne tırmanan dağların doruğundaki yol geçidi. Çok yüksek dağların alçak noktaları.

Gökben: Gök mavisi gözleri olan benli güzel.

Gökçay: Mavi gözlü güzel. Derin çay.

Gökçe: Güzel, hoş, mavimsi, gökle ilgili. Semavi. Azerbaycan'da bir gölün adı.

Gökçen: Gök gözlü, zarif ve ince yapılı güzel.

Gökçiçek: Gök mavisi renkli çiçek.

Gökçil: Mavimsi, gök rengine çalar.

Gökçin: Mavi ile yeşil arası, kül rengi.

Gökkuşağı: Eleğimsağma. Güneşli havada yağmur yağarken oluşan yedi renkil ışık kemeri. Ebemkuşağı.

Gökmen: Mavi gözlü, sarışın kimse.

Göknur: Mavi ışık.

Göksel: Gökle ilgili.

Göksevim: Sevimli, gök renkli. Sevimli sarışın.

Gökşin: Ebemkuşağı, gökkuşağı.

Gönül: Duygu, his, sevgi, yürek.

Gözde: Üstün, beğenilmiş, göze girmiş.

Göze: Su kaynağı. En küçük canlı hücre.

Gözem: Hayat kaynağı, yaşama sevinci.

Gurbet: Vatanın ve yaşanılan yerin uzağındaki mekan.

Güher: Gevher, elmas, kıymetli taş.

Güherpare: Elmas parçası.

Gül: Dikenleri olan güzel kokulu ve renkli çiçek.

Gülafet: Nefes kesen güzellikte.

Gülay: Gülümseyen ay yüzlü. Yüzünde güller açan.

Gülbahar: Bahar gülü, genç ve hayat dolu gül yüzlü.

Gülbanu: Gül yüzlü hanım.

Gülben: Gül yüzü benli.

Gülbeniz: Gül yüzlü.

Gülbeşeker: Gül tatlısı.

Gülbeyaz: Gül yüzlü ve beyaz tenli. Beyaz gül.

Gülbin: Gül ağacı, gül bahçesi.

Gülbiz: Gül serpen.

Gülcan: Güler yüzlü, sevimli, cana yakın.

Gülcihan: Cihanın gülü.

Gülçe: Küçük gül.

Gülçiçek: Gülün çiçeği.

Gülçin: Gül toplayan.

Güldal: Gül fidanı boyunlu.

Güldane: Çiçeklik, çiçek konan kap.

Güldehan: Ağzı gül gibi olan.

Güldem: Gül açma zamanı.

Güldemet: Gül destesi, gül demeti.

Güldenur: Güldeki ışık, parıltı, canlılık.

Güldeste: Gül demeti.

Gülendam: Gül gibi narin endamlı.

Gülefşan: Gül saçan.

Güler: Güleç yüzlü, neşeli.

Gülferay: Ayışığı aydınlık ve güler yüzlü.

Gülgen: Hep gülen.

Gülgönül: Gül gibi yumuşak gönüllü ve neşeli.

Gülgün: Gül renginde, gül gibi.

Gülhan: Gülen han.

Gülhatun: Gül yüzlü prenses.

Gülhayat: Neşeli ve mutlu bir hayat yaşayacak.

Gülin: İnce, zarif gül.

Gülistan: Gül bahçesi.

Güliz: Güzellik ve neşe yolu.

Gülizar: Gül yanaklı.

Güllü: Gül takan, gül eken güzel. Daima gülen.

Gülnar: Ateş renkli gül. Nar çiçeği.

Gülnaz: Nazlı güzel. Naz eden güler yüzlü güzel.

Gülnur: Etrafına ışık saçan gül, aydınlatan gül.

Gülnuş: Gül gibi, güle özdeşleşmiş. Gül suyu içen.

Gülnihal: Gül fidanı.

Gülpembe: Pembe gül gibi.

Gülriz: Gül saçan, serpen.

Gülsafa: Huzur veren gül.

Gülseher: Sabah açan gül.

Gülsen: Gül gibi güzel, gül sen neşelensen.

Gülser: Baş gül, güllerin başı, en iyi.

Gülseren: Gülleri toplayıp seren, güllerle süsleyen.

Gülseven: Gülü seven.

Gülsevil: Hayatta hep yüzün gülsün ve hep sevil.

Gülsevim: Sevimli, gül yüzlü.

Gülsu: Bir içim su gibi güzel ve güler yüzlü.

Gülsuna: Gül gibi çekici kadın, güzel sevgili.

Gülsüm: Yuvarlak yüzlü, güler yüzlü güzel.

Gülsün: Bahtı iyi olsun, yüzü gülsün.

Gülşah: Gül dalı. Güllerin şahı. Gül yüzlü.

Gülşen: Gül bahçesi.

Gülşirin: Gül gibi sevimli.

Gültane: Yeni açılmış gül, gonca.

Gülten: Gül pembesi tenli.

Gülter: Yeni açmış taze gül.

Gülümay: Gül gibi açan güzel ay.

Gülümser: Hep gülümseyen, güler yüzlü.

Gülüşan: Gül gibi güzel ve temiz şöhretli.

Gülyaz: Yüzü gül gibi pembe, iç açıcı, güzel.

Gülyüz: Gül yüzlü, güler yüzlü, yüzü gül gibi.

Gülzar: Güllük, gül bahçesi.

Gülzeren: Gül gibi güzel ve akıllı.

Gülziba: Parlak, süslü, güzel gül.

Gülzühal: Yüzü, Zühal yıldızı gibi parlayan.

Günay: Güneş ve ay kadar güzel. Aydın gün, esenlikli gün.

Güneş: Işık ve ısı saçan gök cismi. Hayat kaynağı.

Güney: Dört ana yönden biri.

Güneyhatun: Güneydeki saygı duyulan kadın.

Günfer: Güneşin sıcaklığı, ışığı.

Günhan: Güneş hanı, kutlu han.

Güniz: Aydınlık iz, aydınlık mutlu yol.

Günnur: Günün nuru, ışığı, uğuru.

Günsel: Gün gibi aydınlık yüzlü. Işık demeti.

Günseli: Güneş ışığı seli, ışık seli, ışık demeti.

Günsen: Sevinçli, neşeli gün.

Günsev: Aydınlığı, günü sev.

Günsu: Gün yüzlü, iyi huylu.

Günten: Aydınlık, temiz ve berrak ten.

Günvar: Gün gibi. Işık, aydınlık, esenlik dolu.

Güral: Bolluk, sağlık, esenlik ve mutluluk kazan.

Gürcan: Mutlu, kutlu can.

Gürdal: Sağlıklı, bol yapraklı dal.

Gürel: Uğurlu, bolluk getiren el. Bollaş, çoğal.

Güzel: Göz alan, iyi, hoş, kusursuz.

Güzide: Seçkin, seçilmiş.

Güzin: Seçen, seçilmiş, beğenilmiş.

H

Erkek Adları

Habbab: Son derece muhabbet. Su üzerindeki hava kabarcığı.

Habal: İp veya urgan satan.

Habbaz: Ekmekçi. Ekmek yapan veya satan kimse.

Habeşi: Habeşistan'lı. Esmer kişi.

Habip: Sevgili, dost, sevilen kişi.

Habibullah: Allah'ın sevgilisi, Allah dostu.

Habil: Hz. Adem'in iyi kalbli oğlu.

Habir: Haberli, bilgili, taze.

Hace: Hacca gidip gelen, dini yerlerin ziyaretçisi.

Hacı: Hacca gidip Kabe'yi ziyaret eden, hacı olan.

Hacib: Perdeci, perdedar, kapıcı vezir mabeynci. Kaş.

Hacir: Hicret eden, sayıklayan.

Haddad: Demirci.

Haddas: Çabuk kavrayan, anlayışlı.

Hafız: Saklayan, koruyan. Kur'an-ı Kerim'i ezbere okuyabilen.

Hadi: Hidayete eriştiren, doğru yolu gösteren.

Hadic: Erken doğan oğlan çocuğu.

Hadid: Demir. Keskin. Titiz. Öfkeli.

Hafi: Çok ikram eden, yüzü gülen.

Hafid: Erkek torun.

Hafizuddin: Dinin koruyucusu.

Hakan: İmparator.

Hakani: Hakan ile ilgili. Hakana mensup.

Hakem: Ara bulan, anlaşmazlıkları çözmesi için tarafların üzerinde anlaştığı kimse, müsabakaları idare eden.

Hakgüzar: Haktan yana, haktan ayrılmayan.

Haki: Hikaye eden, anlatan. Toprak renginde teni olan.

Hakim: Yargıç. Hüküm veren, emreden, üstün durumda olan. Egemen. Hikmet sahibi, bilgin.

Hakkak: Taş, maden ve tahta üzerine oymak veya kazımak suretiyle şekil yapan.

Hakkı: Hak, hukuk ve doğruluktan ayrılmayan.

Haktan: Allah'tan gelen, Allah'ın verdiği.

Haktanır: Hakkı hukuku gözeten.

Hakverdi: Allah verdi, Allah bağışladı.

Halas: Kurtulma, kurtuluş.

Haldun: Devam eden, süreklilik gösteren. Yürekli, cesur.

Halef: Birinden sonra gelen, oğul. Öncekinin yerini alan n esil.

Halet: Hal, durum, keyfiyet. Haller, durumlar.

Halid: Sonsuz, ölümsüz, sürekli.

Halife: Halef, vekil.

Halil: Dost, sevgili, içten arkadaş.

Halilullah: Allah'ın dostu.

Halim: Yumuşak huylu, sakin tabiatlı.

Halis: Saf, temiz, hilesiz, katışıksız.

Halit: Bkz. Halid.

Hallad: Bir yerde uzun süre kalan. Uzun ömürlü olan.

Haluk: İyi huylu, güzel ahlaklı, uyumlu.

Hamdi: Hamdeden, Allah'a şükreden.

Hamdullah: Allah'a hamd eden, şükreden.

Hami: Koruyan, himaye eden.

Hamit: Hamdeden, şükreden.

Hamil: Taşıyan, gözeten, malik, sahip. Gebe, bebeği olacak hanım.

Hamiş: Kitap kenarına konulan açıklama veya açıklama notu.

Hammad: Çok hamd eden, çok şükreden.

Hamza: Arslan, heybetli, azametli.

Hanbeli: Hanbeli mezhebi. Bu mezhebe inanan kimse.

Hanedan: Asil, büyük kökten gelen aile.

Hanef: Doğruluk, doğru, istikamet.

Hanefi: Doğru olan, doğru yolda olan.

Hanif: İslam inancına sıkı sıkıya bağlı kimse. Tek Allah'a ve Allah'ın birliğine inanan kimse.

Hannan: Allah'ın sıfatlarından. Çok merhametli, şefkatli.

Haris: Gözcü, muhafız, bekçi. Son derece hırslı olan. Çiftçi, ekinci, ekin eken.

Harnas: Toprağı işleyip ekin eken, çiftçi.

Harun: Elçi. Hz. Musa'nın kardeşi.

Hasafet: Görüş sağlamlığı, hükümde sağlamlık, olgunluk.

Hasan: Güzel, hoş, iyi.

Hasancan: Can Hasan.

Hasbek: Dürüst, iyi, saf.

Hasbi: Karşılıksız, menfaat gözetmeden, gönülden hareket eden.

Hasib: Değerli, üstün soylu.

Hasip: Hayır sahibi, cömert, eli açık.

Hasif: Aklı başında olgun adam.

Haslet: Huy, tabiat.

Hassan: İyiliksever ve hoşgörülü. Peygamberimizin şairlerindendir (Hassan bin Sabit).

Haşim: Haşmetli. Ekmek kırıntısı. Doğrayan. Muhteşem, gösterişli.

Haşmet: Büyüklük, ihtişam, heybet, hiddet.

Hatem: Mühür, imza, son. Mektubun sonuna vurulan mühür.

Hatır: Şan, şeref sahibi. Ulu, yüce. Tehlikeli. Tekin olmayan.

Hatib: Hitap eden, topluluğa konuşan.

Hatif: Göz kamaştıran. Göze görünmeyen. Kuş ve yel sesi. Gök gürültüsü. Gaipten haber veren.

Hatim: Mühürleyen, mühürleyici, sona erdiren, bitiren.

Hattab: Hitabeti güçlü, vaaz ve nasihat eden. Oduncu.

Havli: Kuvvetli, güçlü, kudretli, takatlı.

Havvat: Duvar ustası. Duvarcı. Olgun, kamil insan. Tav, kıvam, elverişli durum.

Hay: Diri, canlı.

Hayal: İnsanın zihninde canlandırdığı.

Hayali: Hayal ile ilgili. Hayal ürünü, gerçek dışı.

Hayati: Hayatta, canlı, diri. Çok önemli.

Haydar: Arslan, cesur, yiğit.

Hayim: Şaşmış. Hayrette. Sevgiden dolayı şaşırmış.

Hayr: İyi, hayırlı, yararlı, faydalı.

Hayran: Şaşırmış, çok tutkun, aşırı derecede sevgi duyan. Hayrette kalan.

Hayrani: Hayran olan. Hayran kalan, aşırı sevgi duyan, tutkun, şaşırmış.

Hayrat: Sevap için kurulan müessese.

Hayreddin: Dinde hayırlı olan mübarek insan. Dinin faydalısı. Kanuni'nin Hızır reise verdiği unvan.

Hayret: Şaşırma, şaşırtma.

Hayri: Hayırsever, iyiliksever.

Hayrullah: Allah'ın hayırlı kıldığı.

Hayyam: Çadır kuran, çadır diken, çadırcı.

Hazar: Barış durumu. Kaplan türünden bir hayvan.

Hazer: Büyük su, deniz.

Hazım: Tedbirli, akıllı, basiretli.

Hazim: Gamlandıran, üzüntü ve kederlendiren.

Hazin: Hüzünlü ve üzüntülü. Acınılacak durum. Hazine bekçisi, hazine muhafızı.

Haziz: Nasibi olan, mutlu, mesud.

Hazmi: Hazımla ilgili, hazma ait.

Hebib: Rüzgar, yel, esinti.

Hedef: Nişan atılacak yer. Maksat, gaye, erek.

Hedim: İnşa olunmuş bir yapıyı yıkma.

Hediy: Hac sırasında kesilen kurban.

Heftan: Kaftan. Zırhın altına giyilen elbise.

Hekim: Hikmet sahibi kişi, filozof, doktor.

Hekim: Doktor, tabip.

Heper: Cesur, yiğit kimse.

Hepyener: Her zaman yener, galip gelir. Güçlü yiğit.

Heyban: Çok utangaç, korkunç, korku veren.

Heybet: Doğal etkileyiş.

Hezar: Bin. Çok fazla. Bülbül.

Hezarfen: Amasyalı Türk bilgini. İlk defa yapay kanatlarla uçmayı deneyen ve başaran kişi. Fen sahibi. Teknik ve fenni iyi bilen.

Hezel: Şaka, alay, latife, mizah.

Hızır: Yeşillik, yeşil. İmdada yetişen, yardıma koşan.

Hıfzı: Ezberleme, akılda tutma, koruma, saklama. Akılda tutan, saklayan, koruyan.

Hıfzullah: Allah'ın koruduğu.

Hıfzurrahman: Allah'ın merhameti.

Hıncal: Hıncını, öfkeni düşmandan al.

Hızırhan: Hızır gibi hükümdar. Darda kalanı kurtaran han.

Hızlan: Hızı arttırmak. Daha süratli ol, anlamında.

Hibetullah: Allah'ın bağışlaması, bağışı, hibesi.

Hicabi: Utanan, namuslu, iffetli.

Hicri: Hicrete bağlı. Göç eden.

Hiçsönmez: Daima aydın, parlaklığını yitirmeyen.

Hiçyılmaz: Korkup vazgeçmez, azimli, mücadelede devamlı.

Hidayeddin: Dinin gösterdiği yol.

Hidayet: Doğru yola, Allah'ın gösterdiği yol olan İslama girme arzusu, doğruluk.

Hikem: Hikmetler.

Hikemi: Hikmetle ilgili.

Hikmet: Bilgelik, üstün akıl, yüksek ilim. Eşyanın hakikatine vakıf olmak.

Hikmetullah: Allah'ın dediği olur, Allah'ın hikmeti.

Hilat: Hükümdarın armağanı, değerli elbise, kaftan.

Hilkat: Yaratılış, yaratılıştan olan.

Hilmi: Yumuşak huylu, sabırlı.

Himmet: Gayret, iyilikle davranış, yardım. Manevi yakınlık.

Hiram: Edalı yürüme, salına salına yürüme.

Hişam: Utanma, utanan.

Hubeyb: Küçük buğday taneciği. İslamın ilk şehidlerinden bir sahabi.

Hud: Ad kavmine gönderilen peygamber. Yücelik, ululuk. Saygı, hürmet.

Hudavendigar: Amir, sahip, hükümdar, efendi.

Hudayi: Allah'ın yarattığı.

Hudeybiye: Mekke'ye yakın bir vadi.

Hulagu: Abbasi devletini yıkan İlhanlı hükümdarı.

Hulki: İyi huylu.

Hulusi: Halis, saf, samimi, içi temiz, iyi.

Hunalp: Cesur, kahraman, yiğit.

Huneys: Küçük yıldız, küçük gezegen.

Hurdaz: Şemsi yılın üçüncü ayına verilen ad.

Hurşit: Güneş.

Huzeyfe: Seramikçi çırağı, küçük kiremitçi. Seçkin bir sahabinin adı.

Huzur: Dirilik, baş dinçliği, rahatlık.

Hüccet: Seçkin alimlere verilen ad, vesika, belge, delil.

Hüdai: İlahi.

Hüdavendi: Hakim, hükümdar, sahip.

Hüdavendigar: Hükümdar.

Hüdaver: Bir evlad ver Allah'ım, şeklinde dua.

Hüdaverdi: Allah verdi.

Hüdayi: Allah'ın dinine mensup, Allah'ın yarattığı.

Hükmi: Hükme ait, hükümle ilgili.

Hümayun: Mübarek, kutlu, mutlu. Padişaha ait.

Hünkar: Uğurlu. Sultan.

Hüreyre: Kedi yavrusu, ashab-ı kiramdan en çok hadis rivayet eden sahabinin adı.

Hür: Kanunlar çerçevesinde, istediği gibi hareket eden.

Hürkan: Özgür soydan gelen.

Hürol: Hayat boyu özgür ol.

Hürrem: Yeşil, taze, şen, şakrak, sevinçli, gönül ferahlatan.

Hürsel: Hürriyetle ilgili. Hür yaşamak isteyen.

Hüryaşar: Esir, köle ve uşak olmaz. Hür yaşamak isteyen.

Hürsev: Özgürlükçü, hürriyetini seven kişi.

Hüsam: Keskin kılıç.

Hüsamettin: Dinin adaletli ve çok keskin kılıcı.

Hüseyin: Küçük güzel. Güzel çocuk. Ruh güzelliği.

Hüsna: Güzel, hayırlı işler, güzelle ilgili. Tam, noksansız.

Hüsnü: İyilik sahibi, güzel, eksiksiz.

Hüsrev: Hükümdar, şah, sultan. Hayır getiren, hayır isteyen.

Hüsün: Güzellik, iyilik, eksiksizlik, cemal ve kemal.

Hüveyda: Ortada, meydanda, aşikar, açık.

H

Kız Adları

Habibe: Sevilen, sevgili.

Habide: Uyuyan, uykuda.

Habinar: Nar tanesi.

Hacer: Taş, kaya, çakıl.

Hadiye: Doğru yolu gösteren, hidayete eriştiren.

Hafide: Kız torun. Oğlundan veya kızından olan kız çocuğu.

Hafize: Saklayan, koruyan. Kur'an-ı Kerimi ezbere okuyan.

Hafsa: Hafize'nin başka şekilde söylenişi.

Hakikat: Bir şeyin aslı, gerçeği.

Hakime: Kadın yargıç, kadın yönetici. Emir verme ve hükmetme yetkisine sahip olan.

Hakimiyet: Egemenlik, üstünlük.

Hale: Ayın çevresindeki ışıklı halka. Meşalelerde kullanılan yakıt. Renk.

Haledar: Halelenmiş, haleli.

Halenur: Ayın çevresindeki nurlu ışık.

Halide: Devamlı, sürekli.

Halile: Samimi dost.

Halime: Yumuşak huylu, sakin.

Halise: Saf, temiz, pak.

Hamame: Güvercin.

Hamdiye: Şükreden.

Hamide: Şükreden, hamdeden.

Hamiyet: Vatan, millet, aile sevgisi.

Hamra: Kırmızı, kızıl.

Hanay: Eski evlerde önü açık, genişçe doğuya bakan sofa. Birden fazla katlı ev.

Handan: Gülen, şen.

Hande: Gülme, eğlenme.

Handegül: Gülen güzel.

Hangül: Saray güzeli, Han'ın gözdesi.

Hanım: Saygı gösterilecek bayan.

Hanife: Allah'a, birliğine inanan.

Harem: Yasak kılınmış, kutsal olan.

Harika: Olağanüstü, akıl almaz.

Harime: Kişinin dilediği gibi sahip olduğu malı.

Harise: Aç gözlü. Bekçi, muhafız, koruyucu kadın.

Hasene: Güzel iş, hayır.

Hasgül: Değerli, eşsiz gül. Esas, gerçek gül.

Hasibe: Eli açık, cömert. Asil, itibarlı, değerli.

Hasife: Aklı başında, olgun kadın.

Haslet: Davranışlar. Tabiat. İnsanın yaradılışından gelen huyu, özelliği.

Hasene: Güzel, hayırlı.

Hasret: Erişilemeyene iç çekme, özleme.

Hatıra: Hatıra gelen, hatırda kalan şey.

Hatice: Erken doğan kız. Peygamber (s.a.v.) Efendimizin ilk hanımının adı.

Haticenur: Hatice'nin nuru, ışığı. Nurlu Hatice.

Hatife: Göz kamaştıran.

Hatime: Sona erdirip bitiren, mühürleyen.

Hatun: Hanım, eş.

Havle: Kuvvet, güç, takat. Çevre, etraf.

Havva: Yaratılan ilk kadın. Hz. Adem'in eşi. Kahverengi. Hayat.

Hayal: Zihinde canlandırma.

Hayat: Canlılık, ömür.

Hayriye: İyilik, uğur, mutluluk getiren.

Hayrünnisa: Kadınların hayırlısı.

Hazal: Kurumuş yaprak.

Hazan: Sonbahar, güz mevsimi.

Hazen: Üzüntü, gam.

Hazine: Gömülü iken bulunan değerli şeyler.

Hediye: Armağan.

Hepgül: Hayat boyu gül.

Hepşen: Ömür boyu şen.

Hesna: Güzel kadın.

Hibe: Bağış, bağışlama. Karşılıksız verme. Hediye.

Hicab: Utanma, iffetli olma.

Hicran: Ayrılık, unutulmaz acı.

Hicret: Peygamberimizin (s.a.v.) Mekke'den Medine'ye göçü.

Hikmet: Bilgelik, üstün akıl, yüksek ilim. Veciz söz söyleme. Kur'an-ı Kerim.

Hilal: Yeni ay.

Hilmiye: Yumuşak huyluluk, sabırlılık.

Hilye: Cevher, süs, zinet.

Hizran: Bir cins ağaç.

Hoşendam: Düzgün vücutlu.

Hoşfidan: Güzel boylu, endamlı.

Hoşneva: Güzel sesli.

Hoşnigah: Güzel bakışlı.

Hoşnigar: Hoş, güzel sevgili.

Hoşnihad: Güzel huylu, iyi yaradılışlı.

Hoşnüma: Güzel görünümlü, göz okşayıcı.

Hoşseda: Duyguları okşayan ses. Güzel ses.

Hoşter: Çok taze.

Hubi: Güzellik.

Hubter: Pek güzel, en güzel.

Hulkiye: Yaradılışla ilgili olan. İyi tabiatlı olan.

Hunde: Sessizlik, sükunet.

Huri: Cennet kızı.

Huriser: Cennet hurilerinin başı.

Huriye: Cennet kızları. Cennette hurilerin hizmet edeceği kişiler.

Hurrem: Şen, sevinçli, güleryüzlü, ferahlık veren. Gözde. Sevinçli.

Hurşide: Güneş. Işıklı.

Hülya: Hayal, tatlı düş, kuruntu.

Hüma: Cennet kuşu.

Hümeyra: Beyaza yakın pembe. Pembe yanaklı küçük kız.

Hüner: Marifet, beceriklilik, maharet.

Hürmüz: Eski İran'lılarda en büyük kabul edilen varlık.

Hürrem: Sevinçli, gönüllere hoşluk, ferahlık veren.

Hürriyet: Özgürlük, bağımsızlık.

Hüsn: Güzelliğe ait. Güzelliğe dair.

Hüsniye: Güzel, güzellikle ilgili.

Hüsnügül: Güler yüzlü ve güzel.

Hüsnügüzel: Sarı çiçekli, güzel yapraklı bir bitki.

Hüveyda: Belli, meydanda, apaçık.

Hüzün: İç sıkıntısı, üzüntü, keder, gam.

Hüzzam: Üzüntü. Musıkide bir makam.

I

Erkek Adları

Idık: Mübarek, kutsal.

Iklığ: Gövdesi oyma ağaç veya kabaktan yapılan üç telli, yaylı bir çalgı.

Ildız: Yıldız. Gündönümünden on gün önceki zaman.

Ilgar: Atın dörtnala koşturulması. Ani yapılan süvari akını. Düşmana yapılan baskın.

Ilgaz: Atlı akın.

Ilgı: Soy, hısım, akraba. Sürü, çoban.

Ilıcak: Ilıkça, soğukla sıcak arası.

Ilıcan: Biraz ılık, tam ılığa yakın.

Iraz: Kahraman, yiğit.

I

Kız Adları

Ildır: Parlama, parıltı, çok uzaktan ışığın yanıp söner gibi görünmesi.

Ilgım: Serap, hayal, ince.

Ilgın: Bir tür söğüt. Yavaş ve hafif esen rüzgar.

Ilgıt: Yavaş ve ılık esinti veya su akıntısı.

Ilıca: Yerden kaynayan sıcak veya ılık şifalı su. Kaplıca.

Ilgız: Yıldız.

Iraz: Kahraman.

Işık: Aydınlık, nur.

Işıkay: Ayın yaydığı ışık.

Işıl: Canlı ve parlak, ışık gibi güzel.

Işılar: Işıldar, ışık verir.

Işılay: Parlayan ay. Işık ve bilgi saçan ay yüzlü.

Işıltan: Parlayan tan, parlak şafak, aydınlatan.

Işın: Işık demeti. Işık huzmesi, şua. Bir noktadan çıkıp sonsuza giden doğrulardan her biri.

Işınbike: Işık huzmesi gibi güzel ve saygın.

Işınsu: Işık gibi aydınlık, duru akan veya dalgalanan su.

Işıt: Aydınlat.

Itır: Güzel, hoş koku. Sardunyagillerden yaprakları kokan bir bitki.

Itriyye: Güzel koku ile ilgili. Güzel kokulu.

İ

Erkek Adları

İbad: Devenin ayağını bağladıkları ip. Köle etme. Kovmak. Kullar. İbadet edenler.

İbadullah: Allah'ın kulları, ibadet edenler.

İbrahim: Halkın babası, merhametli baba.

İbşar: Müjdeleme. Muştulama. Sevindirecek haber verme, tebşir.

İbriz: Saf altın.

İbsan: İnsanın yüz ve huy güzellikleri.

İcab: Gerek, gereken, gerçek.

İcabet: Uyma, kabul etme.

İcabi: İcabla ilgili.

İcmal: Toplama, özetleme.

İçli: İçi dolu olan, hislendiren, duygulandıran.

İdris: Bilgin, bilim ve teknikte ileri. Terzilerin piri sayılan Peygamber.

İfhar: Şereflendirme.

İftihar: Şerefli olup övünme.

İftirak: Ayrılık, ayrılma, dağılma, perişan olma.

İhlas: Doğru, samimi. İçten gelen karşılıksız sevgi,bağlılık. Temmuz tutmak. Saf olarak saklamak.

İhsan: İyilikte bulunan, bağış yapan, güzel davranışta bulunan.

İhtifa: Saklanma, gizlenme.

İhtiram: Saygı, hürmet.

İhvan: Tasavvufta dervişler, kardeş, samimi, sadık dostlar.

İkbal: Şanslılık, talihlilik, baht açıklığı.

İkram: Ağırlama, hürmet etme, iltifat etme.

İkramullah: Allah'ın ikramı nimetler.

İkrime: Kerem sahibi. Cömertlik yapan.

İktida: Örnek alma, tabi olma, uyma.

İktidaullah: Allah'ın dinine uyma, gönderdiği emir ve yasaklara tam uyma.

İktitaf: Derme, devşirme, seçme.

İlaldı: Fetheden.

İlarslan: Bir ülkenin kahramanı. Güçlü savaşçısı.

İlbaşı: Selçuklularda bir ilin bütün köylerinin kethüdalarının başı olan yetkili görevli. At seyisi ve uzmanı.

İlbay: Ülkenin zengini.

İlbey: İl beyi. Devlet başkanı.

İlbeyi: Oymak beylerinin ünvanı.

İlcan: İlin sevdiği kimse.

İldemir: Ülkenin sağlam ve güçlü insanı.

İldeniz: Bir ülkenin en bilgin ve varlıklı kişisi. Azerbaycan'da İldenizliler beyliğinin kurucusu. Selçuklu beyi.

İlgar: At koşusu, atın dörtnala koşusu.

İlgazi: Ülkesi, devleti ve barış için gazi olmuş kişi.

İlham: Allah tarafından insanların kalbine doldurulan duygu ve düşünce. Esin.

İlhami: İlham sahibi, ilahi düşünceye erişen. Yaratıcı coşku.

İlhan: Devlet kuran han. Ülkede egemenliği tesis eden. Hakan.

İlkan: Kanını ülkesi ve barış için adayan.

İlkay: Birinci ay.

İlkehan: Kanun, yönetmelik koyan hükümdar.

İlker: İlk doğan erkek çocuk. İlk yiğit.

İlkin: Birinci. İlk doğan erkek çocuk.

İlkser: İlk önce, en başta.

İlkut: Kutlu, mübarek ülke.

İlkutay: Kutlu, mübarek ülke.

İlmen: Vatandaş. Bir devletin tabiiyetinde olan insanlar.

İlmi: İlim ile ilgili, ilme uygun.

İlsavun: Devletin koruması.

İlsev: Ülke, millet, devlet barışı sev.

İlteber: Vali, kumandan. İlin sorumlusu.

İltekin: Ülkenin soylu yiğidi. Diğer devletlerden üstün devlet.

İltemir: Devletin en emin, sağlam ve güçlü kişisi.

İltemiz: En temiz ülke.

İlter: Vatansever. Barışsever.

İltika: Birleşme, kavuşma.

İltikaullah: Allah'a kavuşma, mü'mininin ölümü, hidayete erme.

İlyas: Kutsal güce ulaşmış, ölümsüzleşmiş.

İmad: Direk.

İmadeddin: Dinin direği.

İmam: Cemaate namaz kıldıran, örnek alınacak önder din görevlisi.

İmameddin: Dinin imamı, önderi.

İmdat: Yardım isteme çağrısı, yardıma yetişme.

İmge: Görünüm, düşlenen ve hayal edilen hal.

İmran: Evine bağlı.

İmren: Beğenilen, sevilen, imrenilen.

İmruz: Aynı gün, bugün.

İnak: Arkadaş, dost, sırdaş.

İnal: Şehzade. İnanılacak, güvenilecek, dost olunacak kişi.

İnaltekin: İtimat edilen, inanılan, doğru, yiğit, prens.

İnam: Güvenilen, inanılan. Nimet verme, ihsanda bulunma.

İnamullah: Allah'ın nimetleri.

İnan: İnanma, güvenme. Dizgin. İdare.

İnanç: İman. Güvenç. Bir fikre bağlılık.

İnanöz: Özünde kalbinde inanç olan.

İnayet: İyili, yardım, lütuf, ihsan, kerem, dikkat, gayret.

İnayetullah: Allah'ın inayeti, lütfu.

İnebey: İşaretli, mühürlü bey.

İnfak: Nafaka ile fakirleri geçindirme.

İnfakullah: Allah'ın yardımı, nafaka, ihsanı.

İnfitah: Açılma.

İnşad: Topluluk karşısında bir manzumeyi kaidelerine uygun şekilde okuma.

İnşikak: İkiye bölünme. Çatlama.

İnşirah: Gönül açılması, ferahlık, ıç huzuru.

İrade: Emretmek, istemek, istek.

İrfan: Bilme, anlama, derinliğine varma, ilah sırrı öğrenme.

İrşad: Doğru yolu gösterme, aydınlatma.

İsa: Allah'ın merhameti.

İsad: Kutlu kalmak.

İsar: Cömertlikle vermek, bahşiş.

İsatekin: Merhametli prens.

İsfendiyar: Pehlivan. Hükümdar.

İshak: Gülme. Hz. İbrahim'in oğlu. Kur'anda adı geçen peygamber.

İskender: İnsanları koruyan.

İslam: Allah'a teslim olma. Barış. Huzur. Allah'ın, Peygamberi Hz. Muhammed'e gönderdiği en son din.

İsmah: Taatli, yumuşak huylu.

İsmail: Allah'ın kelamını işiten.

İsmet: Haram ve kötülükten kaçınan, temiz, namuslu, günahsız.

İsrac: Yakma, aydınlatma, ışıtma.

İsrafil: Kıyameti haber verecek olan dört büyük melekten biri.

İsrafil: Sura üfleyecek melek, dört büyük melekten biri.

İstikbal: Gelecek zaman, geleni karşılama.

İşcan: Çalışmayı seven, çalışkan kimse.

İvaz: Karşılık, bedel.

İyad: Hz. İsmail'in soyundan gelen.

İyas: Kederli, ümitsiz.

İzan: Anlayış, feraset, zeka.

İzbudak: Güçlü, kutlu, canlı.

İzgi: Güzel, doğru, iyi.

İzgün: İyi, adaletli, adaleti gözeten.

İzhan: Güzelliğin, iyiliğin yöneticisi.

İzlal: Alçaltma.

İzzettin: Dinin değeri, yüceliği, kudreti, ikramı.

İzzet: Değer, kıymet, yücelik, kudret, ikram.

İzzetli: Saygıdeğer, itibarlı, şerefli.

İzzüddevle: Devlete değer veren, devletin değerlisi, kıymetlisi.

İzzi: Dayanıklı, sabırlı.

İ

Kız Adları

İbhac: Sevindirme, sevindirilme.

İbra: Beraat etme, temize çıkma. Aklanma.

İbret: Ders alma, nazar tutma. Yanlış ve kötü davranışlardan sakınmayı sağlayan olgu.

İbşar: Müjde verme, müjdeleme.

İclal: Büyüklük, ululuk, ikram etme.

İçkin: Varlığın yapısında olan, yapılırken içine karıştırılan. Yalnızca bilinç içeriği olarak var olan.

İçten: Samimi, yürekten, candan.

İdil: Aşk ve tabiat şiiri. Samimi, temiz, saf aşk.

İdlal: Nazlanma, naz etme.

İfakat: Hastalıktan kalkma, iyileşme.

İffet: Namus, doğruluk.

İğde: Çiçeği güzel ve keskin kokulu, zeytine benzeyen ağaç ve zeytin biçiminde tadı mayhoş meyvesi.

İhtişam: Görkem, gösterişlilik. Büyüklük, göz alıcılık.

İkbal: Baht açıklığı, şans. Saygınlık. Arzu.

İkdam: İlerleme, ilerlemeye çalışma. Gayretle çalışma.

İkram: Saygı ile ağırlama, sunma, iltifat.

İlçim: Barış meleğim, elçim, temsilcim, sözcüm.

İldem: Barışçı.

İlgari: At koşusu, tören koşusu, atın dörtnala koşusu.

İlgen: Ülkeyi, milleti, barışı koruyan, kollayan.

İlgi: İki nesne arasındaki bağ. İrtibat. Bir şeye yakınlık duyma.

İlgü: Engel, mania.

İlgül: Barış gülü.

İlgün: Barış dolu gün, milli gün. Halk, yabancılar.

İlgür: Sağıklı, mutlu, barış içinde büyü.

İlham: Esin.

İlhan: İlin, ülkenin önderi, saygı duyulan, sevilen kişisi. Barışı sağlayan han.

İlkan: Barışçı kan taşıyan. Ezberleyen.

İlkar: Söz verme, vaad etme.

İlkay: İlk doğan kız. İlk doğan ay yüzlü.

İlkbahar: Kış ile yaz arasındaki mevsim.

İlkgül: İlk doğan kız. İlk doğan gül yüzlü.

İlkgün: İlk doğan kız. İlk doğan güneş gibi ışıltılı.

İlkim: İlk çocuğum.

İlkiz: İlk iz, ilk yol. İkizlerden ilk doğan.

İlknur: İlk ışık. İlk doğan kız çocuk.

İlksen: İlk doğan kız çocuk.

İlksev: İlk doğan sevimli kız.

İlkut: Milletin, ülkenin uğuru.

İlkyaz: Çocuğun ilk defa yaz mevsimini görmesi.

İlsak: Kavuşturma, birleştirme.

İlşen: Barış ve neşe kaynağı.

İltaç: Barış, esenlik tacı.

İltifat: Taltif etme, mükafatlandırma. Yüzünü çevirip bakma. İlgi gösterme.

İltika: Kvuşma, buluşma.

İlvan: Gösteriş, süs.

İmge: Hayal, düş, görüntü.

İmren: İmrenilecek güzel.

İnal: İnanılan, güvenilen.

İnalcık: Sevilen ve inanılan kimse.

İnayet: Özenme. Lütuf, iyilik.

İnci: İstiridyede oluşan değerli taş.

İncifem: Ağzı inci gibi güzel.

İncifer: İnci gibi parlak, alımlı.

İncigül: Bembeyaz, küçük ve değerli gül.

İncila: Parlama, parlatma, cilalama. Parlaklık, ışık.

İncilay: Parlayan ay.

İnciser: Baş inci, en kıymetli inci.

İnebe: Arpacık, üzüm tanesi.

İnficar: Tan atma, fecir. Yerden kaynayarak çıkma.

İnsel: İnsana yakışan, insanca.

İnşirak: Çatlayıp yarılma. Birden parlama.

İpek: İpek böceğinin yaptığı çok ince parlak lif. Yumuşak huylu.

İrem: Cennete benzetilerek yapılan efsanevi bahçe.

İren: Özgür, hür, serbest.

İrgün: Sabahın ilk saatleri. Günün erken zamanı.

İrman: Arzu duyan. İstek.

İsabet: Tam yerinde düşme. Değme, tutma.

İsare: İkram. Dökme, saçma. Cömertlik.

İsmet: Haram ve kötülükten kaçınan, temiz, namuslu, günahsız.

İsmigül: Gül adlı. Neşe ve hoşluk veren isim.

İsmihan: Hükümdar ismi.

İsminur: Nur isimli.

İsminaz: Nazlı, ismi nazlı.

İsminur: İsmi nurlu, ışıklı.

İsna: Övme, değerini yükseltme.

İsra: Gece yürüyen.

İstek: Arzu, dilek.

İstihsan: Güzel bulma, beğenme.

İstikbal: Gelecek zaman.

İyem: Güzellik.

İyisan: İyi tanınan kimse. Şanı, şöhreti iyi olan.

İzafet: İzafilik, bağıntı. İki şey arasındaki bağ, ilgi.

İzan: Anlayış, kavrayış. Edep, terbiye.

İzem: Büyüklük, ululuk.

İzgi, İzgü: İyi, güzel, akıllı.

İzgül: İyi gül. Emsallerinden üstün gül.

İzra: Altın arama, korkutma, aşırı övme.

J

Erkek Adları

Jerfi: Derin, deniz.

Jeyn: Kükremiş, kızgın, coşkun.

Jiyan: Kükremiş, kızgın.

Jiyon: Kükremiş, kızgın.

J

Kız Adları

Jale: Gece hava serinleyicne yapraklara düşen su damlası. Çiy.

Jaledar: Üzerine çiy yağmış, kırağı düşmüş.

Jalenur: Parlayan, ışıldayan.

Jengar: Bakır pası, göktaşı.

Jülide: Karışık, karma karışık, dağınık.

K

Erkek Adları

Kaan: İmparator. Hakan.

Kabil: Hz. Adem'in oğullarından biri. Kardeşi Habil'i öldüren kişi. Olabilme imkanı olan.

Kadem: Ayak, adım. Uğur.

Kademli: Kutlu, uğurlu.

Kademran: İlerleyen giden, ayaklayan yürüyen.

Kadim: Ayak basıp ulaşan, varan, çok eski zamanlara ait.

Kadir: Kudretli, güçlü. Tükenmez kudret sahibi.

Kadircan: Can Kadir. Kadirbilir insan.

Kadri: Değerli, onurlu, itibarlı.

Kadrican: Onurlu, değerli insan.

Kadrihan: Kıymetli hükümdar.

Kafi: Yeterli.

Kağan: İmparator. Hakan.

Kahhar: Herşeye her istediğini yapacak surette galip ve hakim. Kahredici, yok edici, batırıcı, üstünlüğü sınırsız olan.

Kahir: Kahredici, yok edici ezici kuvvet. Allah'ın sıfatlarından.

Kahirbillah: Üstünlüğünü Allah'tan alan. Allah'ın yardımı ile üstün ve galip olan. Abbasi halifelerinden birinin adı.

Kahraman: Yiğit, bahadır, alp, batur.

Kaim: Mevcut var olan. Kıyamda ayakta duran, namaz kılan. Birinin yerini tutan.

Kainat: Var olanların hepsi, evren.

Kalender: Dünyadan elini eteğini çekmiş, derviş. Sade yaşayışlı.

Kalhan: Uzun ömürlü olması istenen hükümdar.

Kaman: Dağların doruğuna yakın yerler.

Kambay: Doktor, tabip, hekim.

Kamber: Sadık hizmetçi, ev halkından sayılan misafir.

Kami: İstek, meram.

Kamil: Tam, eksiksiz, kusursuz, olgun.

Kamuran: İsteğine ulaşan, mutlu.

Kamver: Arzusuna kavuşmuş, mutlu olmuş.

Kanaat: Hakkına razı olma, yetinme. İnanma.

Kanber: Evin emektarı, yaşlısı, büyüğü.

Kandaş: Aynı kanı taşıyan, aynı soydan olanlar.

Kandemir: Erkek kahraman. Demir gibi sağlam bir soydan gelen.

Kaner: Kanlı, soylu yiğit.

Kani: İnanmış, kanaat edinmiş.

Kaplan: Aslan gibi yırtıcı hayvan.

Kaptan: Gemileri idare eden, deniz araçları sürücüsü.

Karaalp: Esmer, kara yiğit ve cesur kimse.

Karaaslan: Siyah tüylü aslan.

Karabasan: Sıkıntı veren rüya.

Karabay: Esmen tenli zengin, esmer efendi.

Karabey: Esmer adam, esmer zengin adam.

Karabuğra: Esmer erkek deve.

Karabulut: Yağmur bulutu, koyu renkli bulut.

Karaca: Rengi karaya çalan esmer yağız. Geyikgillerden zarif, güzel görünüşlü av hayvanı.

Karacan: Siyah, esmer kişi. Bir dikenli ağaç türü.

Karagöz: Hayal oyununun baş kahramanı İzmaritgilleden bir balık. Gözü siyah olan kişi.

Karahan: Esmer hükümdar. Karahanlı devletinin kurucusu.

Karakan: Bir cins dağ ağacı.

Karakoca: Esmer, yaşlı kimse.

Karakoç: At sürüsü, yılkı, soylu yürük at. Siyah koç.

Karakuş: Bir kartal cinsi, atların ayaklarında şişliklerle beliren hastalık. Bir yıldız.

Karaman: Esmer, yağız kimse. İri, yağlı kuyruklu, koyun cinsi. Büyük ve ağır balyoz. Karamanoğulları beyliğinin kurucusu, Afşar beyi.

Karamürsel: Osmanlı komutanı Karamürsel'den adını alan, Marmara Denizi'nde kullanılan cekdiri cinsinden süratli nakliye gemisi.

Karanalp: Kahraman, karayağız yiğit.

Karani: Veysel Karani'nin memleketi Karn'dan bozma. Karnlı, Karn halkından.

Karaoğlan: Esmer delikanlı. Çingene. Ayı.

Karasu: Sert, yosun yapan su. Ağır akan su. Gözü kör eden, gözde iç basıncın artmasıyla oluşan hastalık. Hayvanların ayak kemiklerini şişiren hastalık.

Karateğin: Esmer şehzade. Türkistan'da Surhab ırmağı üzerinde bir kend. Dandanakan'da Selçuklulara yenilen Büyük Gazne Komutanı.

Karatay: Siyah tay, kara dağ. Yüce Dağ.

Karayel: Kuzey batıdan esen yağmur ve kar getiren soğuk yel.

Kargınalp: Hareketli, ele avuca sığmaz coşkun yiğit.

Kartal: Yırtıcı büyük kuş. Heybet ve cesaret sembolü.

Kartay: Yaşlı kimse, pir.

Kasem: Yemin, and.

Kasım: Kasım Hanlığı'nın kurucusu. Kasım ayında doğan. Ayıran, bölen, kısımlayan.

Kasırga: Şiddetli çevrintili fırtına, hortum.

Kaşbastı: Başörtüsü.

Kaşif: Keşif yapan, keşfeden..

Katip: Yazıcı, yazman.

Kavas: Elçilik ve konsolosluklarda vazifeli muhafaza memuru. Emir çavuşu. Mübaşir. Muhafiz.

Kavruk: Kavrulmuş, hafif yanmış. Yaşlanmışsa da vücudu tam gelişmemiş.

Kavseyn: İki yay, iki kavis, iki kaş.

Kayaalp: Kaya gibi sert, güçlü yiğit.

Kayacan: Kaya gibi sert, cana yakın kişi.

Kayansel: Taşmış, coşmuş su.

Kayhan: Sert kayayı delecek, kıracak güçte hükümdar.

Kayıhan: Sağlam, güçlü, sert hükümdar. Kayıların hanı. Oğuzların Bozok kolundan Günhan oğlu Osmanlı'nın atası.

Kayra: İyilik, lütuf, ihsan.

Kayraalp: İyiliksever, yiğit, kahraman.

Kayrahan: İyiliksever hükümdar.

Kayrak: Bileği taşı. Kaygan toprak, ekilemeyen toprak.

Kayral: Kayırılan, korunan kişi.

Kays: Felaket, sıkıntı, kıtlık, kibir. Umman denizinde küçük bir ada. Mecnun'un gerçek adı.

Kayyum: Gökler ve yeri tutan, durabilmeleri için lazım olanı yaratan. Allah'ın sıfatlarındandır.

Kazım: Kızgınlığını, öfkesini yenen.

Kelami: Kelime, sözle ilgili.

Keleş: Yiğit, cesur, güzel, yakışıklı. Saçı dökülmüş kel. Avanak, salak.

Kelile: Çakal:

Kelim: Kendisine söylenen, hitap edilen Musa aleyhisselamın lakabı.

Kemal: Olgunluk, yetkinlik, erdemlilik.

Kemaleddin: Dinde olgunluğa ermiş, dini bilgisi çok kuvvetli olan. Erdemli, bilge kişi.

Kemankeş: İyi ok atan, bağrına dayayıp keman çalan.

Kenan: Hz. Yakub'un ülkesi olan Filistin toprağı. Hz. Nuh'un oğlunun adı.

Keram: Cömert, eli açık. Soylu, ulu.

Keramet: Kerem, lütuf, ikram, bağış. Evliyanın akıl ve mantıkla izah edilemeyen halleri.

Kerameddin: Dinin cömert, ulu yüce kişisi.

Kerami: Büyük, yüce, cömert.

Kerem: Asillik, soyluluk, cömertlik, merhametlilik.

Keremhan: Ulu, şerefli, asaletli, cömert, hükümdar.

Keremşah: Ulu, şerefli, asaletli cömert hükümdar.

Kerim: Keremi bol, cömert. Asaletli, şerefli. Bereketli.

Kesir: Bir adedin parçası. Bozma, kırma, parçalama. Çok çeşitli. Bol, sık.

Keşif: Bulma, meydana çıkartma, bir şeyin olacağını önceden bilme. Tahminde isabetli olmal.

Keşfi: Keşfe ait, keşifle ilgili. Allah'ın ilham verdiği kişi.

Keşşaf: Keşfeden, sırları çözen.

Kevni: Var olma, varlıkla ilgili. Bütün varlıkları kaplayan.

Keyhan: Dünya, evren.

Keyhüsrev: Adil, eşit. Siyavuş'un oğlu olan hükümdar.

Keykubat: Büyük, ulu padişah.

Keys: Kavrayış, anlayış, zeka.

Keyyis: Akıllı, zeka sahibi, kavrayışlı, ince, zarif.

Kezer: Kahraman:

Kezik: Cesaret, gözü peklik.

Kılavuz: Rehber, yol gösteren.

Kılıç: Kın içinde muhafaza edilen kesici silah.

Kılıçalp: Kılıç gibi keskin yiğit.

Kılıçarslan: Aslan gibi güçlü, kılıçlı.

Kılıçhan: Kılıç gibi keskin hükümdar.

Kıncal: İnat, aksi tabiatlı. Zarif, ince, narin.

Kınık: Oğuzların bir boyu. Kaynak, menba. Arzu, istek. Obur, çok yiyen.

Kınıkaslan: Kınıklardan güçlü, cesur, yırtıcı kimse.

Kıpçak: Oğuzların bir boyu. Çöl, ova.

Kıraç: Kırlaşmış siyah beyaz karımışı olmuş Verimsiz, kuru arazi.

Kıralp: Dışarıda oturan, kırda oturan yiğit, kahraman.

Kıran: Yamaç, bayır, dağ eteği, dağ sırtı. Kırıcı, parçalayıcı, öldüren, yok eden.

Kıray: Genç delikanlı, yol kesen, eşkıya.

Kırca: Rüzgarla karışık yağmur, ufak dolu.

Kırçıl: Kırlaşmış, kıra çalan.

Kırdar: Soğukkanlılık, ölçülü davranış.

Kırım: Karadeniz'in kuzeyinde yarımada, burada kurulmuş Tatar devleti.

Kırtekin: Kırda oturan prens.

Kıvamuddin: Dinin direği. İran Kıvamiye devletinin kurucusu.

Kıyam: Ayağa kalkma. Ayakta durma, bir işe başlama.

Kıyas: Kaideye uyma, benzerine göre hükmetme, karşılaştırma.

Kıymet: Şeref, onur, bedel, paha. Değer.

Kibar: İnce ruhlu, hareket ve davranışlarında zarif. Ulular, büyükler.

Kilter: Peçenek hakanlığının kurucusu olan Durak hanın babasının adı.

Kiram: Soydan gelenler, ulular. Eli açıklar, cömertler. Şerefliler, asiller.

Kirami: Eli açıkça, ulular, soylularla ilgili büyüklere ait.

Kirman: Kale. İran'da eyalet. Türkçede yün eğirmeye yarayan döngeç.

Kirmanşah: Kirman hükümdarı.

Kocaalp: Yaşlı ulu, yiğit kahraman.

Koçak: Eli açık, cömert, misafirperver, gönlü yüce.

Koçer: Sağlıklı, cesur erkek.

Koçhan: Sağlıklı, cesur hükümdar.

Koçi: Koça benzer. Koç gibi. Sağlam, yiğit, kabadayı. Meşhur Osmanlı tarihçisinin adı.

Koçubey: Gelin arabası sürücüsü. Osmanlı tarihçisi. Koçibey de denir.

Koçyiğit: Koç gibi güçlü yiğit. Babayiğit. Cömert yiğit.

Kongar: Onurlu, gurur. Esmer, kumral.

Kongur: Kumral, kestane rengi, sarı siyah karışımı.

Konuralp: Onurlu, kibirli, gururlu, cesur yiğit.

Koral: Sınır muhafızı.

Koralp: Sınır muhafızı, kahraman.

Koray: Ateş renkli ay. Ateşli, ay yüzlü delikanlı.

Korcan: Ateş can. Canayakın, sıcak kanlı. Çağlayan.

Korel: Ateş gibi sıcak elli. Ateş ülkesi.

Korgan: Korugan, kale, top mevzisi, korunaklı yer, istihkam.

Korhan: Ateş han.

Korkut: Kutlu, heybetli, korkutucu. Uğurlu ateş.

Korkutalp: Heybetli, korkutan. Korkusuz yiğit.

Kortan: Ateş rengi tan, kızıl renkli şafak.

Kortay: Ateş gibi tay. Ateş dağı.

Kotku: Alçak gönüllü. Mütevazi.

Koygun: Akdoğan,. Hüzünlü, etkili.

Köker: Köklü soydan gelen kimse.

Köksal: Her tarafı zaptet. Her zaman canlı ol. Toprağın altına dağılan bitki kökleri.

Köksan: Ünlü, tanınmış.

Kökten: Yüzde kalmayan, köke kadar inen, köklü, temelli, radikal.

Kömeç: Çiçeklerin bir sap üzerinde dizili açması. Yere gömülen, gömülecek.

Köse: Sakalı, bıyığı çıkmayan veya seyrek çıkan.

Kubat: Kaba, iri battal, biçimsiz, hantal.

Kubilay: Çin'e egemen olan Türk-Moğol Hakanı.

Kuddus: Mübarek, temiz, pak, aziz, hata yapmaz. Gaflet ve noksanlıktan uzak. Allah'ın sıfatlarından.

Kuddusi: Kutsal, ilahi, ulu, temiz pak.

Kudret: Güç, kuvvet, iktidar, zenginlik.

Kudretullah: Allah'ın gücü, kudreti, azameti.

Kutsi: Yüce, yüksek, ulu, ilahi, Allah'la ilgili, temiz.

Kullap: Kapı rezesi, dövme demirden kapı menteşesi. İplik üstüne sırma sarmaya yarayan çarklı alet.

Kunt: Sağlıklı, sağlam yapılı.

Kuntay: Sağlam yapılı kimse.

Kunter: Sağlam yapılı, güçlü erkek.

Kuntman: Sağlıklı kimse.

Kural: Silah, araç, yönetimde uyulan ilkeler.

Kuray: Aya benzer.

Kurban: Allah yolunda kesilen ve eti fakirlere dağıtılan kesilmesi vacip olan hayvan. Bir gaye uğruna feda alma. Allah yoluna bağışlanan.

Kurgan: Kale, hisar, kubbe şeklinde mezar, istihkam. Korugan.

Kureyş: Hz. Peygamber'in (s.a.v.) Hz. İbrahim'e (a.s.) dayanan soyu.

Kurman: Yüksek vasıfları olan, nitelikli kimse.

Kurt: Sivri, keskin dişli, köpekten büyük, dağlarda yaşayan yırtıcı bir hayvan.

Kurtay: Kurt gibi kurnaz ve güçlü, ay kadar güzel.

Kurtulmuş: Kötülüklerden, belalardan sıyrılmış, belaları defetmiş.

Kurtuluş: Kötülüklerden ve belalardan sıyrılmak.

Kusay: Uzaklaşmak. Peygamberimizin dedelerinden.

Kut: Mübarek, müberek olma, dokunulmaz.

Kutb: Çok geniş bilgi ve yetkisi olan Bir topluluğun veya kavmin lideri. Tarikatta Gavs'den sonra gelen kişi.

Kutbi: Kutba ait, kutubdan. Kutubla ilgili. Liderlik ve yüceliğe ait.

Kutbuddin: Dinin kutbu. Dinin önde geleni, dinin ulusu.

Kutalmış: Mübarek olmuş, kutlu olmuş. Anadolu Selçukluları devletinin kurucusu Süleyman Şah'ın babasının adı.

Kutalp: Yiğit, uğurlu, mübarek.

Kutan: Perde ayaklı, balıkçıl kuşu. Büyük pulluk. Dua etme.

Kutay: Kutlu ay, mübarek ay.

Kutbay: Uğurlu, yiğit kimse, cömert, saygıdeğer.

Kutbek: Uğurlu, yiğit kimse, cömert, saygıdeğer.

Kutel: Kutlu el, memleket, eli uğurlu olan.

Kuter: Uğurlu, mutlu erkek.

Kutertan: Kutlu, uğurlu günün başlangıcı.

Kuthan: Kutlu, uğurlu hükümdar.

Kutkan: Kutlu, uğurlu soydan gelen.

Kutlan: Kutlu ol, uğurlu, mutlu yaşa.

Kutlay: Uğurlu, kutlu ay, kır donlu at.

Kutlu: Uğurlu, mübarek, mutlu.

Kutlualp: Uğurlu, kutlu yiğit.

Kutluay: Uğurlu, iyiliklerle dolu, mutlu ay.

Kutlubay: Mübarek, uğurlu, cömert kimse.

Kutlucan: Uğurlu ve mutlu canayakın kişi.

Kutluğ: Mübarek, uğurlu, talihli.

Kutluğhan: Uğurlu, talihli hükümdar.

Kutluğtekin: Mübarek, uğurlu, talihli şehzade.

Kutluk: Mübarek, kutsal, dokunulmaz.

Kutsal: Mübarek, mukaddes.

Kutsalmış: Uğur dağıtmış.

Kutsan: Bahtın açık, talihli kimse ol.

Kutsel: Bahtı açık, talihli, kısmet sahibi.

Kutsoy: Mübarek, uğurlu soydan gelen.

Kutsu: Mübarek su, kutsal su, zemzem.

Kutulmuş: Kurtulmuş, rahata ermiş, kutsal ömürlü.

Kutunalp: Mübarek, uğurlu kahraman.

Kutyan: Uğurlu kimse.

Kuvvet: Sağlamlık, güç, sıhhat, iş başarma imkanı.

Kuyaş: Güneşin çok etkili oluşu.

Kültiğin: Bilge Hanın ağabeyi, Göktürk prensi.

Kürboğa: İri, sıhhatli, güçlü, yenilmez. Boğa gibi güçlü, cesur, yürekli kişi. Musul Atabeyi olan Selçuklu komutanı.

Kürhan: Yürekli, yiğit, kahraman, cesur hükümdar.

Kürşad, Kürşat: Çin'de esarete isyan ederek adamları ile Çin Sarayı'nı basan ve kaçarken ölen Göktürk yiğidi.

Küşad: Resmi açılış, açılış töreni.

K

Kız Adları

Kadem: Uğur. Ayak, adım. Bir ölçek.

Kademran: İlerleyen, giden.

Kader: Alınyazısı, kısmet.

Kadife: Yumuşak kumaş, bir çiçek türü.

Kadriye: Kadir gecesi doğan. Kadir, değer bilir.

Kafiye: Şiirde mısra sonundaki ses uyumu.

Kaime: Ayakta duran. Birinin yerine geçen.

Kamelya: Yaban gülü. Büyük, beyaz, kırmızı, pembe çiçek açan bir bitki. Japon gülü.

Kamer: Ay.

Kamiye: İstekle, arzu ile ilgili. Arzulu, istekli. Bir amacı olan.

Kamile: Tam, eksiksiz, olgun, terbiyeli, görgülü.

Kamuran: Arzusuna ulaşan.

Kaniye: İnanmış. Fazla istemeyen, azla yetinen. Kanaatkar.

Karaca: Geyikgillerden boynuzları küçük ve çatalı narin yapılı bir av hayvanı.

Kargül: Uzun, kıvırcık tüylü koyun cinsi.

Karanfil: Çok güzel ve ağır kokulu çiçek.

Karçiçeği: Beyaz, pembe çiçekler açan, soğanlı bir bitki.

Kardelen: İlkbaharda sarkık çan biçiminde çiçek açan dağ bitkisi.

Kardide: İş bilir, uyanık, tecrübeli.

Karmen: Parlak, kırmızı renk.

Kaşife: Keşfeden. Başkalarının bilmediğini meydana çıkaran.

Katibe: Yazman, sekreter.

Katre: Damla.

Kayan: Sel, akarsu. Yassı, düz, kat kat oluşmuş taşlar. Kayarak yer değiştiren.

Kayra: İhsan, büyük bir insandan gelen iyili. Atıfet, bağış.

Kaytus: Bir yıldız kümesi.

Kebire: Büyük, ulu.

Kebuter: Güvercin.

Keffaret: Günahların veya borçların ödenmesi için verilen bedel.

Kelebek: Kanatları ince, türlü renklerde, dört kanatlı, yavaş uçan bir böcek.

Kelime: Anlamı olan söz veya ses birliği.

Kenter: Şehirli, kentli.

Keramet: Allah'ın yardımı, lütfu, cömertliği. Ermiş kimselerin akıl ve mantıkla anlaşılamayan özel halleri.

Keriman: Kerem sahibi, cömert.

Kerime: Kız evlat. Cömert, şerefli.

Kesire: Bir bütünün parçası.

Kevser: Cennet ırmağı, cennet çeşmesi.

Keyfer: Mükafat ve mücazat, karşılık.

Keyvan: Satürn gezegeni.

Kezban: Yonca otu. Kadın kahya.

Kınay: Hareketli, faal, çok çalışkan.

Kısmet: Kader, talih, nasip, kazanç. Bölme, taksim, pay etme. Allah'ın her canlıya takdir ettiği yaşama süresi ve durumu.

Kıvanç: Sevinç, memnuniyet. Övünme, güvenme, iftihar etme.

Kıymet: Değer, bedel.

Kibariye: Zarif, ince, duygulu, cömert ve soylu.

Kifayet: Kafi gelme, bir işi yapabilecek yetenekte olma. Yeterli miktarda olma.

Kiraz: Çekirdekli, meyvesi olan bir ağaç.

Kiyan: Yıldız, merkez.

Koza: İçinde tohum ya da krizalit bulunan korunak.

Kudsiye: Yüce, temiz, kutsal, saygın.

Kuhsar: Dağın tepesi. Dağlık yerler.

Kumru: Boz renkli güvercin cinsi bir kuş.

Kutlay: Kutlu, uğurlu ay.

Kutnur: Kutsal, uğurlu ışık.

Kübra: Çok büyük, en büyük, yüce.

Küşade: Güzel, hoş. Açılış yapma töreni. Açma, faaliyete geçme.

L

Erkek Adları

Laçin: Sarp, yalçın. Şiddetli. Bir cins şahin.

Ladin: Yüksek yerlerde yetişen, güzel bir cins çam ağacı.

Lagar: Zayıf, cılız, etsiz. Dünyada ilk defa füzeyi icad eden, füze ile uçan Türk bilgini Hasan Çelebi'nin lakabı.

Lahib: Açık yol.

Lahik: Yetişen, ulaşan, eklenen. Bir şeyin yenisi.

Lami: Parlayan, parlak.

Lamih: Hz. Nuh'un (a.s.) erkek kardeşi. Parlak, parıldayan, parıltılı, ışıltılı.

Lasif: Parlayan, parlayıcı.

Latif: Yumuşak, iyi huylu, nazik. Allah'ın sıfatlarındandır.

Latifi: Yumuşaklığa, hoşluğa, güzelliğe mensup. Nazik, mülayim, şirin. Osmanlı tarihçisi ve şairinin adı.

Layih: Parlayan, parlak. Hatıra gelen. Aşikar, apaçık.

Layin: Yakışıklı, yakışan.

Lazım: Gereken şey, gerekli olan.

Lebabet: Zekalı, akıllılık.

Lebip: Akıllı, zeki, anlayışlı.

Lebik: Akıllı, zeki, tatlı sözlü.

Lefif: Dürülmüş, sarılmış.

Lemi: Parıldayan, parlayan, parıltı.

Lemyezel: Yok olmaz, zeval bulmaz, daimi.

Levent: Deniz eri, boylu posu, gürbüz, yakışıklı yiğit.

Levni: Renkli, boyalı. Renkle ilgili. Renge mensup.

Levniz: Boya, renk. Yüz, nevi, tür, çeşit.

Levzi: Bademle ilgili, badem biçiminde olan.

Lezir: Akıllı, zeki, kavrayışlı.

Leziz: Lezzetli, hoşa giden.

Lokman: Yiğit, fedakar. Tıp ve ahlak konusunda uzman bilge.

Lut: Kur'an-ı Kerim'de adı geçen Peygamber.

Lütfü: Hoş muamele eden, iyilikle davranan.

Lütfullah: Allah'ın lutfu, merhameti, iyiliği.

L

Kız Adları

Lafza: Tek söz.

Lahika: Eklenen, yenisi, yetişip ulaşan, kavuşan.

Lahza: An, bakış.

Lale: Süs bitkisi ve çiçeği.

Lalecan: İnce, latif, canlı. Canayakın Lale.

Lalefam: Lale renginde.

Lalegun: Lale renkli.

Lalegül: Kırmızı yanaklı güzel. Türk müziğinde bir makam.

Laleruh: Yanağı lale gibi kırmızı olan. Musıkide bir makam.

Laleveş: Lale gibi, laleye benzeyen.

Lalezar: Lale yetiştirilen yer, lale bahçesi.

Lamia: Parlak, parıldayan.

Laminur: Nur saçarak parlayan.

Lamiye: Lam harfi şeklinde olan. Lam kafiyesi üzerine kurulmuş şiir.

Lanazir: Eşsiz,benzersiz.

Latife: Güzel, şirin, hoş. Şaka, fıkra.

Latime: Mis, güzel koku.

Lavanta: Lavanta çiçeğinden yapılan koku. Lavanta çiçeği rengindeki mavi renk.

Layezal: Bitimsiz, zevalsiz. Sonu olmayan.

Layiha: Gerekçe, gerekli şey.

Lebabe: Akıl sahibi olma, akıllı.

Lebibe: Akıllı, zeki.

Lebike: Zeki, akıllı, sözü tatlı olan.

Lema: Parıltı. Parlama, ışıltı.

Leman: Parıldayan, pırıltı.

Lemaat: Parıltılar. Işıltılar.

Lemehat: Bakışlar, göz atışlar.

Lerzan: Titreyen, titrek.

Lerzende: Titreyen, titrek, ürkek.

Letafet: Hoşluk, latiflik, yumuşaklık.

Levziyye: Badem biçiminde olan, bademle ilgili.

Leyal: Geceler.

Leyan: Parlayan, parıldayan.

Leyla: Gece. Karanlık ve uzun gece.

Leylak: Mor ve beyaz renkli salkımlı çiçek.

Leyli: Geceye ait, geceyle ilgili.

Lezize: Tatlı, hoşa giden, lezzetli.

Lezza: Yakıcı ateş.

Liyakat: Layık olan. Hüner, fazilet, yeterlilik, kifayet.

Lülübar: İnci yağmuru.

Lübabe: Saf, öz, halis. Kalb, akıl.

Lübbetulayn: Gözbebeği.

Lüle: Kıvrım, bukle, dürüm.

Lütfiye: İyi davranan, hoş tutan, ikram eden.

M

Erkek Adları

Macit: Şan ve şeref, büyük, yüce.

Mahbub: Muhabbet duyulan, sevilen, sevgili.

Mahdum: Erkek evlat.

Mahfi: Gizli, saklı.

Mahfuz: Muhafaza edilmiş, korunmuş, saklanmış.

Mahir: Maharetli, hünerli, becerikli usta.

Mahmut: Övülen, övülmeye layık.

Mahsun: Sağlam ve güvenli hale getirilmiş.

Mahzuf: Hazfedilmiş, kaldırılmış, silinmiş. Arap yazısıyla noktasız harflerle yazılmış yazı. Neşir veya şiir.

Mail: Meyilli, eğimli, eğilmiş.

Makal: Lakırdı, söyleme, konuşma.

Makbul: Kabul olunmuş. Alınmış. Hoş karşılanan. Beğenilmiş.

Makdem: Dönüp gelme. Kalyoncu başlığı.

Makir: Kötülüğe karşı olan. Kötülükleri, hilekarları cezalandıran.

Makrun: Kavuşmuş, ulaşmış, yetişmiş.

Maksud: Maksat, niyet. Kast edilen şey. İstenilen, murat edilen.

Maksum: Allah tarafından verilen kısmet. Taksim edilmiş, bölünmüş.

Maksur: Kısalmış, kısaltılmış. Alı konulmuş. Ayrılmış.

Makul: Oldukça akıllı, sözü akla yakın.

Malik: Sahip. Cehennem'in bekçisi.

Maliki: Dört ehli sünnet mezhebinden, Maliki mezhebine mensup kişi.

Malkoç: Akıncı komutanı.

Malum: Belirli, bilinmez olmayan. Şüphesiz.

Mamur: Harap olmayan, sağlam, bayındır, bakımlı, şen.

Mana: Kelime veya işaretin anlattığı şey. İç ruh, batın alemi. Anlam.

Manav: Yaş sebze meyve satan kişi. Yerli, göçmen olmayan. Tatar Türklerinin bir kabilesi.

Mani: Men eden, geri bırakan. Engel olan, izin vermeyen. Allah'ın sıfatlarından.

Mansur: Allah'ın yardımı ile galip gelmiş.

Manzur: Nazar olunan, görülen, bakılan. Beğenilen, gözde.

Maruf: Tanınmış, ünlü.

Marut: Bir melek adı. Harut'un arkadaşı.

Masum: Günah, suçsuz, kabahatsiz. Saf, temiz, küçük çocuk.

Maşrık: Güneşin doğduğu yön. Gündoğusu.

Maşuk: Sevilen, sevilmiş.

Matlub: İstenilen. Aranılan, talibi çok olan.

Matuk: Azat olmuş, hürriyetine kavuşmuş.

Mazak: Kırlangıç balığıgillerden kahverengimsi renkli bir balık.

Mazhar: Erişme, sahip olma, şereflenme.

Mazlum: Zulüm görmüş, haksızlığa uğramış.

Mazmun: Mana, mefhum, kavram. Nükte, cinas. Zanlı sanık.

Mazrur: Zarar görmüş.

Mebruk: Tebrik edilen, tebrike layık.

Mebrur: Herkesin beğendiği. Yararlı, hayırlı.

Mebsut: Açılmış, yayılmış. Tafsilatlı anlatılan.

Mecdeddin: Dinin büyüğü, dinin ulusu, örnek alınacak din büyüğü.

Mecdi: Çok ulu, yüce, şan ve şeref sahibi.

Meddud: Kısmeti açık, rızkı bol.

Mecdüddevle: Devletin büyüğü, ulusu. Büveyhi hükümdarının adı.

Mecdülmülk: Dünyanın büyüğü Selçuklularda vezirin adıdır.

Mecit: Şan ve şeref sahibi, azametli.

Meciddin: Dinin büyüklüğü, ululuğu.

Mecnun: Çılgın, deli, aşık.

Mecruh: Yaralı, iptal edilmiş.

Meded: İmdat, yardım.

Medid: Uzun süren, uzun müddette.

Medih: Övme konusu. Medhetmeye sebep olan şey.

Mefhar: Güvenmeyi gerektiren, övünülecek, iftihar edilecek.

Meftuh: Ele geçirilmiş. Açık. Açılmış.

Meftur: Yaratılmış, mahluk, tabii yaradılıştan gelen.

Mehcur: Uzaklaşmış, uzaklaştırılmış. Ayrı kalmış. Terkedilmiş. İlişiği eksilmiş. Bir köşeye bırakılmış.

Meftun: Gönül vermiş. Büyülenmiş gibi tutkun.

Mehdi: Hidayete eren, doğru yolda olan.

Mehib: Arslan, heybetli, gösterişli.

Mehmet: Muhammed'in Türkçe söylenişi.

Mekin: Mekan tutan, yerleşen, oturan.

Meknun: İyice korunmuş, saklanmış, gizli.

Meknuz: Hazineye konulmuş, gizlenmiş, saklanmış.

Mekreme: Kerem, cömertlik, hürmet, saygı, izzet.

Mektum: Saklanan, gizlenen, saklı, gizli.

Melami: Parıltılar. Melamilik görüşüne sahip olan.

Melih: Güzel, şirin, cana yakın, sevimli.

Melik: Hükümdar, hakan. Mal sahibi.

Memdud: Uzatılan, uzayan.

Memduh: Övülmüş, övülmeye değer.

Memluk: Köle, esir, kölemen.

Memnun: Sevinmiş, razı, hoşnut.

Memun: Emin, korkusuz. İtamatlı, tehlikesiz, asğlam. Abbasi halifesinin adı.

Menderes: Akarsu yataklarının dolambaçlı kısımları.

Mengü: Ebedi, ölümsüz.

Mengüalp: Şanı, şerefi ölümsüz, yiğit kahraman.

Meangübay: Şanı şerefi ölümsüz, zengin kimse.

Mengücek: Erzincan ve Divriği'de beylik kurmuş Selçuklu beyleri sülalesi. Mengücek oğulları.

Mengüç: İlahi güç sahibi. Yaşlı, deneyimli.

Mengütay: Şerefli, cömert, ölümsüzleşmiş kimse.

Mennan: Nimetlendiren, ihsan eden. Çok iyilik eden. Allah'ın adlarından.

Mensur: Manzum olmayan. Nesredilmiş, saçılmış, dağılmış, yayılmış, mühürlenmiş.

Menşur: Neşredilmiş, yayılmış, mühürlenmiş.

Mentec: Doğacak vakit.

Merahan: Sevinç, ferahlık. Zayıf olma hali.

Merd: İnsan, adam. Özü sözü doğru. Kabadayı.

Merdan: İnsanlar. Yiğitler. Erkekler.

Merdi: İnsanlık. Cesaret, yüreklilik, mertlik, erlik.

Mergub: Sevilen, istenilen, herkes tarafından sevilen. Beğenilen, aranan. Rağbet edilen, makbul.

Meriç: Çağıltılı su.

Mersed: Kerim, cömert.

Mert: Yiğit, cesur, kahraman, sözünün eri.

Mertel: Cömert, özü sözü bir.

Merter: Özü sözü bir olan erkek.

Mertkal: Her zaman cesur ol, yiğit kal.

Mertkan: Mert soydan gelen.

Mertol: Her zaman sözünün eri ol.

Mervan: Emevi sülalesinden Mervan kolunun kurucusu halife.

Mersed: Cömert, kerim. Eli açık.

Merzat: Hoşnutluk, rıza.

Merzuk: Rızık verilmiş, rızıklandırılmış. Mutlu, bahtiyar.

Mesih: Ölmek. Tuhaf, acayip. Başka bir şekle girmiş olan.

Meskut: Sükut edilmiş, söylenmemiş.

Mesleme: Teslim olma, itaat etme.

Mesrur: Sevinçli, memnun.

Mestan: Sarhoş olmuş. Cesaretli, savruk.

Mestur: Örtülü, örtülmüş.

Mesut: Mutlu, kutlu, bahtı gülmüş.

Meşhur: Tanınmış, ünlü.

Meşkur: Teşekkür edilmeye değer, beğenilmiş, makbul.

Mete: Hun İmparatoru. Oğuz Han ile karıştırılan Hun Kağanı Teoman'ın oğlu.

Metin: Sağlam, kuvvetli, dayanıklı. Yazının içeriği.

Metiner: Dayanıklı, sağlam.

Mevcud: Hazır bulunan, elde olan, var olan.

Mevdut: Gaznelilerin bir hükümdarı, sevilmiş, sevilen.

Mevkut: Vakitli, belli zamanda olan veya çıkan.

Mevlana: Efendimiz anlamında büyüklük ünvanı.

Mevlid: Dünyaya gelme, doğma. Yeni doğmuş çocuk. Peygamberimizin (s.a.v.) doğum günü okunan kutsal manzume.

Mevsuf: Bir sıfatla tavsif edilen, nitelenen belirtiler.

Mevsul: Vasıl olmuş, ulaşmış, kavuşmuş.

Mevzun: Vezinli, tartılı, ölçülü, ahenkli, biçimli, nisbetli.

Meysur: Kolaylaştırılmış şeyler.

Meyyal: Meyli fazla olan. Hafif eğilmiş. Arzulu, istekli.

Mezak: Zevk, tat, lezzet alma, damak.

Mezid: Artma, fazlalaşma, büyüme. Arttırma, çoğaltma, büyütme.

Midhat: Methetme, övme.

Miftah: Açacak alet, anahtar.

Mihman: Konuk, misafir.

Mihri: Güneşe mensup. Güneşe ait. Güneş gibi parlak, ışıklı.

Mikail: Canlıların rızkını dağıtan dört büyük melekten biri.

Mikdad: Demir kesme aleti.

Minkar: Taş oymacılarının kullandığı çelik kalem. Kuş gagası.

Mir: Komutan, hükümdar, bey, vali, amir, başkan.

Mirac: Hz. Muhammed'in (s.a.v.) göğe yükselmesi. Merdiven. Çıkılacak yer.

Miran: Beyler.

Mirhan: Canın içi.

Mirkelam: Bilge sözü. Sözünün eri. Güzel ve zarif konuşan.

Mirsat: Gözetleyen. Gözleyen. Gözlemci.

Mirsat: Gemi çapası.

Mirza: Hükümdarın soyundan gelen. Beyzade, şehzade.

Misak: Sözleşme, yemin.

Misbah: Aydınlatma cihazı. Işık.

Mişkat: Neşter.

Mithat: Medhetme, övme. Övülmeye layık olma.

Mizan: Terazi.

Muaccel: Acele, zamansız, mühletsiz.

Muahhar: Sonra, sonraki, sonra olan.

Muakkıb: Takip eden.

Muammer: Ömür süren, yaşayan, uzun ömürlü.

Muasır: Aynı asırda yaşayan.

Muattar: Itırlı. Güzel kokulu.

Muaviye: Emevi devletinin, ilk hükümdarı. Tilki yavrusu.

Muaz: Saygı duyulan, muhterem, çok aziz. Sığınan, korunan.

Mucip: İstekleri yerine getiren. Gerekli kılan.

Mufaddal: Faziletli, fazileti çok olan. Tafdil edilmiş. Üstünlüğü kabul edilmiş.

Mugiseddin: Dinin yardımcısı, dinin yardımına koşan, dine yardım eden.

Muğire: Yardımcı. Meşhur bir sahabi.

Muhaccel: Ayağı şekilli bey az at.

Muhacir: Göç eden, göçmen.

Muhafız: Muhafaza eden, koruyan.

Muhammed: Çok övülmüş, çok övülen.

Muhammer: Mayalanmış.

Muhammes: Beşli, beş kenarlı, bendleri beşer mısra olan şiir.

Muharib: Muharabe eden, savaşçı.

Muharrem: Haram edilmiş. Hicri takvimde birinci ay, aşure ayı.

Muhayyil: Hayal kuran, tahayyül eden.

Muhbir: Haber veren, haberci.

Muhdin: Dinin habercisi. Peygamber.

Muhip: Muhabbet, sevgi besleyen, seven.

Muhibeddin: Dini çok seven, dine karşı çok muhabbeti olan.

Muhittin: Dini canlandıran.

Muhlis: Halis, içten sadık. Yapmacıksız, samimi.

Muhrib: Tahrip eden, yıkan yakan. Harp gemisi.

Muhsin: İyilik eden, bağışta bulunan. Sağlamlaştıran.

Muhtar: Seçilmiş, seçkin, bağımsız.

Muhterem: Hürmet edilen, saygı duyulan.

Muhyi: İhya eden, dirilten, canlandıran. Can bağışlayan. Sağlık ihsan eden. Allah'ın sıfatlarındandır.

Muhyiddin: Dini ihya eden, yücelten, dirilten. Canlandıran, hayat veren.

Muin: Ustaya yardım eden, çırak. Yardımcı.

Muiz: Allah'ın sıfatlarından. İkram eden, ağırlayan. İzzet ve şeref veren.

Muizeddin: Dinin ikramı, dinin şerefi.

Mukaddem: Önde olan.

Mukadder: Takdir olunmuş, değeri, ömrü belirlenmiş.

Mukaddes: Takdis olunmuş, kutsanmış, kutlu, aziz.

Mukaffa: Kafiyeli, ahenkli, uyumlu.

Mukarreb: Yaklaşmış, yaklaşan, yaklaştırılmış.

Mukbil: Kutlu, mutlu. Bahtı açık, talihli, mesut.

Mukim: İkamet eden, oturan.

Mukmir: Mehtaplı, ay ışıklı.

Mukteda: Uyulan, tabi olunan, reis, imam.

Muktedi: İktida eden, uyan, tabi olan.

Muktedir: İktidarlı, güçlü, gücü yeten.

Muktefi: İktifa eden. Ardından gidilen.

Mukteza: Gereken, lazım olan, icap eden.

Mungar: Eli açık, cömert.

Munis: İnsandan kaçmayan, sevimli, cana yakın.

Munsif: İnsaflı, insaf eden.

Muntasır: Zalimlere karşı duran, düşmanı yenen, öcünü alan.

Muntazır: Gözleyen, bekleyen, beklenen, gözlenen.

Murat: Amaç, istek, dilek.

Murathan: İstenen, talep edilen hükümdar.

Murtaza: Rağbet gören, beğenilen. Beğenilmiş, seçilmiş.

Musa: Suda (Nil'de) bulunan kişi. Vasiyeti yerine getirmekle görevlendirilen.

Mus'ab: Güçlü, dayanıklı.

Musaddık: Tasdik eden, onaylayan.

Musahhar: Boyun eğen, emir altına giren. Fethedilmiş. Büyülenmiş.

Muslih: İslah eden, düzelten.

Muslihiddin: Dinin iyiliği için çalışan.

Mustafa: Seçilmiş, beğenilmiş, temizlenmiş.

Muştu: Müjde, sevindirici haber.

Mutahhar: Takdir edilmiş, temiz, temizlenmiş. Ayıklanmış.

Mutarra: Parlak, çok taze.

Mutasım: Yapışan, eliyle tutunan, günahtan çekinen.

Mutemil: Tek başına işe girişip yapan. Zorluğu göze alan.

Mutemid: İtimadlı, güvenilir, doğru.

Muti: Rahat ve uslu, itaat eden, baş eğen.

Mutim: Fakirleri gözeten, cömert, muhtaçlara yardım eden.

Mutlay: Mutlu, sevinçli ay.

Mutlu: Talihli, bahtiyar, uğurlu, mesud.

Mutlualp: Mesud, yiğit, derdi olmayan kahraman.

Mutluer: Uğurlu, bahtiyar erkek.

Mutluhan: Uğurlu, bahtiyar, talihli hükümdar.

Mutlutekin: Uğurlu, bahtiyar, talihli prens.

Muttalib: Talep eden, isteyen.

Muvaffak: Allah'ın yardımına erişmiş, işi rast gitmiş kimse. Başarmış.

Muvahhid: Allah'ın birliğine inanan. Tevhid eden.

Muvakkar: Ağırbaşlı, ciddi vakarlı. Saygı gösterilmiş, ağırlanmış.

Muvakki: Tuğrakeş, fermanlara tuğra çeken. Tevkii nişancı.

Muvakkit: Vakitleri tayin eden kimse.

Muyan: Sevap, hayır, hasenat.

Muzaf: Eklenmiş, katılmış, ilave edilmiş.

Muzaffer: Zafere ulaşan, galip gelen, kazanan.

Muzafereddin: Dinin galip, üstün kişisi.

Muzam: Bir şeyin en büyük kısmı.

Mübarek: Bereketli, uğurlu, hayırlı, kutlu. Beğenilen, feyizli, kızılan, şaşılan, sevilen.

Mübeccel: Tebcil edilmiş, yüceltilmiş, ululanmış.

Mübelliğ: Büyük camilerde imamın söylediğini tekrar eden kişi.

Müberra: Müstesna olan, aklanmış, temizlenmiş. Duru, arınmış.

Mübeşşir: Müjdeci, iyi haber veren.

Mübeyyin: Beyan eden, açıkça bildiren.

Mübin: Belli olan, aşikar. İyiyi kötüden ayıran.

Mübşer. Haber verilmiş, müjdelenmiş.

Mücap: Kabul cevabı alan, isteği, duası kabul edilen.

Mücahit: Cihad eden, din için savaşan, çalışan.

Mücahiddin: İslam askeri, din savaşçısı.

Mücib: İcap eden, istenilen yapan, cevap veren.

Mücmel: Öz, özet, az sözle anlatılmış.

Mücteba: Seçilmiş, seçkin, kıymetli. Tayin edilmiş.

Müctehid: Gücü yettiği kadar çalışan.

Müdafi: Savunan, dayanan, müdafaa eden, koruyan.

Müdavi: Tedavi eden, iyileştiren, tabip.

Müdebbir: Tedbirli, herşeyi önceden düşünen ve tedbir alan.

Müdrik: İdrak eden, aklı ermiş, anlayan.

Müeddeb: Edepli, terbiyeli, uslu, saygılı, bilgili.

Müeddib: Terbiye eden, öğreten, öğretici.

Müemmil: Temn edilmiş, bulunmuş, emniyete alınmış.

Müeyyed: Teyid edilmiş, doğrulanmış, güçlü.

Müfekkir: Fikir sahibi, fikir yürüten, düşünen.

Müferrec: Meydanı olan geniş alan.

Müferrih: Ferahlık veren, içi açan.

Müfit: İfade eden, düşüncesini iyi anlatan. Yararlı.

Müftehir: İftihar edilen, şanlı, şöhretli, fahri.

Müheymin: Birini korkudan koruyan.

Mühib: Tehlikeli ve saygı uyandıran. Korkutucu.

Müjdat: Müjdeli ve iyi haber veren.

Mükafi: Eşit, beraber.

Mükedder: Kederli, mahzun, üzüntülü. Bulanık.

Mükerrem: Muhterem, saygı kazanmış, aziz.

Mükrem: Kerem ve şeref ile nitelenmiş.

Mükremin: İkram olunmuş, bağışlanmış. Cömert, güvenilir.

Mükrim: İkram eden, ikramcı, ağırlayan. Konuksever.

Mülayim: Yumuşak huylu, uyumlu.

Müyevvin: İlham veren, esinlendiren.

Mülteca: Sığınılacak yer.

Mültemi: Işık saçan, parlayan, parıldayan.

Mümasil: Benzer, andırır, müşabih.

Mümin: Allah'ın birliğine, Hz. Muhammed'in peygamberliğine ve İslamın esaslarına iman etmiş ve gerektiği şekilde davranan.

Mümtaz: İmtiyazlı, benzerlerinden üstün.

Münadi: Nida eden, bağıran, tellal, ilan eden.

Münazır: Münazara yapan, tartışan.

Münci: Kurtaran, kurtarıcı.

Münip: Tövbe edip Allah'a yönelmiş. Gönlü temiz.

Münif: Yüksek, ulu, yüce.

Münim: Nimet veren, yedirip içiren.

Münir: Nurlandıran, ışık veren, aydınlatan, parlak.

Münkeşif: Keşfedilmiş, ortaya çıkarılmış, meydana görünen.

Münşi: Üslubu güzel olan iyi katib. Yapıcı, yapan, inşa eden.

Müntakim: İntikam alan.

Müntefi: Kazanan, faydalanan.

Münteha: En son, nihayet.

Münzir: Münafıkları ve kafirleri sapıklıklardan kurtarmak için cehennem azabı ile korkutan.

Mürabıt: Sınır boyundaki asker. Kendini ibadete veren derviş.

Mürebbi: Çocuk terbiyecisi, özel öğretmen, terbiyeci.

Müren: Dere, ırmak, akarsu.

Mürsel: Gönderilmiş, yollanmış, nebi.

Mürşit: Doğru yolu gösteren, rehberlik yapan. Gafletten uyandıran.

Müsellim: Teslim eden. Kaymakam, nahiye müdürü.

Müslüm: İslam dininde olan. Teslim olmuş, selamete ermiş.

Müstakim: Dik, düz, doğru, namuslu, temiz.

Müstean: Yardım istenen, kendisinden yardım beklenen.

Müstebşir: Müjde ile sevinen, müjde veren, müjdeleyen.

Müstecib: Kabul cevabını alan, isteği kabul edilen.

Müstekfi: Yetecek kadar isteyen.

Müstenid: İstinad eden, dayanan.

Müsterih: Huzur içinde, gönlü rahat olan.

Müşahid: Müşahede eden, gören, gözleyen.

Müşerref: Şereflenmiş.

Müşfik: Şefkatli, merhametli, acıyan, seven.

Müşir: İşaret eden, yol gösteren, öğüt veren.

Müştak: Özleyen, arzu eden, istekli.

Müştehir: Şöhret kazanan, meşhur, ünlü.

Mütevekkil: Allah'a tevekkül eden, Allah'tan gelene razı olan. İşlerinde Allah'a dayanan.

Müttaki: Sakınan, çekinen, zahid. Allah'tan korkan.

Müzahir: Zahir olan, yardım eden, yardımcı, koruyan.

Müzdad: Çoğalmış, artmış.

Müzehheb: Tezhib edilmiş, altın suyu ile süslenmiş.

Müzehib: Tezhib eden, süsleyen, tezhipci.

Müzekkir: Zikreden, hatırlayan.

M

Kız Adları

Maceme: Sabırlı, tahammüllü, dirençli.

Macide: Şanlı, şerefli.

Mader: Ana, valide, çocuğu olan kadın.

Mağfiret: Allah'ın bağışlaması.

Mahbube: Sevilen, muhabbet edilen, sevgili.

Mahçe: Minarenin alemine dikilen ay.

Mahçiçek: Ay çiçek. Ay yüzlü, çiçek gibi güzel.

Mahfer: Ay ışığı.

Mahfiruze: Turkuaz renkli ay. Mavi ay.

Mahigül: Gülen ay. Gül yüzlü.

Mahinur: Ay ışığı, nurlu ay, nur yüzlü.

Mahire: Becerikli.

Mahitab: Ay ışığı.

Mahizar: İnleyen ay.

Mahizer: Altın renginde ay.

Mahlika: Ay yüzlü güzel.

Mahmude: Övülen.

Mahmure: Baygın bakışlı, süzgün.

Mahpare: Ay parçası.

Mahperi: Ay yüzlü peri.

Mahpeyker: Parlak, nur yüzlü, ay yüzlü.

Mahra: Uygun, elverişli.

Mahrama: Kadınların başlarına örttüğü işlemeli, geniş örtü.

Mahru: Ay yüzlü.

Mahter: Hilal, yeni ay.

Mahur: Yeni ay.

Maide: Gök sofrası.

Maile: Hevesli, meyilli.

Makbule: Kabul edilen, hoşa giden, beğenilen.

Maksude: Amaçlanan, niyet edilen. İstenen.

Maksume: Bölünmüş, taksim edilmiş.

Maksure: Gelinin duvağı. Camide kadınlar bölümü.

Makule: Akla uygun, akla yatkın.

Maltahun: Büyük hanım.

Malike: Mal sahibi.

Mamure: İmar edilmiş, işlenmiş, bayındır, temiz, intizamlı.

Manolya: Renkli çiçeği ve güzel kokusu olan süs ağacı.

Mansure: Galip gelen, üstün gelen, Allah'ın yardımı ile yenen.

Manzure: Bakılan, gözde olan, nazar edilen.

Maral: Dişi geyik.

Marifet: Ustalık, beceriklilik, bilgililik.

Mariye: Mısır hükümdarı Mukavkıs'ın Peygamberimize (s.a.v.) hediyesi, kıbti köle hanımın adı. Peygamberimizin eşi olmuş, İbrahim adlı çocuğun annesidir.

Marufe: Tanınmış, ünlü. Herkesçe bilinen.

Masume: Günahsız, suçsuz, masum, saf, temiz.

Masune: Korunmuş.

Maşuka: Dost, sevgili.

Matlube: Talep edilen, istenen.

Matuke: Azad olmuş, özgürlüğüne kavuşmuş.

Mavera: Ara, geri, öte.

Mayda: Narin, zarif, ince yapılı.

Maye: Güç, bilgi. Gerekli madde. İktidar.

Mazlume: Zulmedilmiş, zulüm görmüş.

Mebde: İlke, başlangıç, baş.

Mebhure: Zor soluyan, zor nefes alan.

Mebruke: Tebrik edilen.

Mebrure: Hayırlı, beğenilmiş.

Mebsude: Uzun olarak anlatılan. Yayılmış, açılmış, saçılmış.

Mebşure: Yüzü güzel, gösterişli. Endamlı.

Mecra: Su yolu, akarsu yatağı. Bir olayın doğrultusu, yönü.

Medar: Dönence, sağlam, dayanıklı.

Medide: Çok uzun süren.

Mediha: Methedilmiş, övülmüş, beğenilmiş.

Medine: Eski adı Yesrib olan ve Peygamberimizin (s.a.v.) hicret ettiği ve kabrinin bulunduğu şehir.

Mefharet: Güvenmeyi gerektiren. İftihar edilen.

Mefkure: Ülkü, ideal.

Mefruza: Farz olunmuş, var sayılmış.

Meftuha: Ele geçirilmiş, açılmış.

Meftune: Büyülenmişçesine tutkun, vurgun, hayran.

Mehcure: Tek olunmuş, köşede bırakılmış.

Mehdiye: Allah tarafindan hidayet verilmiş olan.

Mehlika: Ay yüzlü güzel.

Mehpare: Ay parçası.

Mihriban: Seven, sevgi ve ilgi gösteren, merhametli, şefkatli, samimi.

Mehtap: Ay ışığı.

Mehveş: Yüzü ay gibi.

Mekniye: Gizli, saklı, örtülü, kapalı.

Meknune: Saklı, gizli.

Mekreme: Kerem, cömertlik. Hürmet, saygı, izzet.

Mekşufe: Bilinen, açık.

Melahat: Yüz güzelliği. Şirin, latif, tatlı.

Melal: Keder, hüzün, can sıkıntısı.

Melda: İnce vücutlu, zarif kız. Genç ve sağlıklı.

Melek: Allah'ın yarattığı ruhsal varlık. İyi huylu.

Meleknaz: İyi huylu ve nazlı kız.

Meleknur: Nurlu, aydınlık ve iyi huylu.

Melekper: Melek kanatlı.

Melekru: Melek yüzlü.

Melhuza: Beklenen, umulan.

Meliha: Güzel, sevimli.

Melike: Kadın hükümdar, hükümdar karısı, kraliçe.

Meltem: Yazın denize doğru esen serin rüzgar.

Memdude: Uzatılan.

Memduha: Methedilmiş, övülmüş.

Memnune: Memnun, hoşnut, sevindirilmiş.

Memune: Korkusuz, emin. Kalbi huzur içinde.

Menba: Suyun çıktığı kaynak.

Menekşe: Bir çeşit bitki. Soğanlı, mavi, güzel kokulu çiçekleri olan kır çiçeği.

Meneviş: Terementi ağacının tohumu. Saydam veya yansıtıcılarda renk dalgalanması.

Menfuşe: Pek hoş, hoşa giden, beğenilen.

Mengü: Ebedi, ölümsüz. Başlangıcı ve sonu olmayan.

Mensure: Ölçüsüz. Dağılmış. Dağıtılmış, yayılmış.

Menzile: Küçük merhale, makam, konak yeri.

Meral: Dişi geyik.

Meram: İstek, niyet, arzu, maksat.

Mercan: Deniz hayvanının süs eşyası olarak kullanılan kırmızı kabuğu.

Merğube: Herkes tarafından sevilen, aranılan. Makbul olan, istenen, rağbet edilen.

Meriç: Balkan yarımadasının güneydoğusundaki nehir.

Merih: Mars gezegeni.

Mersa: Liman.

Merve: Mekke'de bir dağ. Hac sırasında Safa ile Merve tepeleri arasında yedi defa sa'y edilir.

Meryem: Hz. İsa'nın annesi. Dindar, ibadete düşkün hanım, demektir.

Merzuka: Rızık verilmiş, rızıklandırılmış.

Mesadet: Saadet, bahtiyarlık, mutluluk.

Meserret: Mutluluk, sevinç, memnuniyet.

Mesrure: Sevinmiş, sevinçli, isteğine kavuşmuş.

Mestinaz: Naz sarhoşu, nazlı, süzgün bakışlı.

Mesude: Mutlu.

Meşhure: Meşhur olmuş, ünlü, tanınan.

Meşkure: Beğenilmiş, övülmüş.

Methiye: Övgü.

Meveddet: Sevgi, muhabbet, dostluk.

Mevhibe: Sevgi, bağış, iyilik, ihsan.

Mevkute: Belli vakitlerde çıkan, süreli.

Mevlude: Yeni doğmuş kız. Mevlid kandilinde doğan kız.

Mevsim: Dünyanın güneşin çevresindeki dönüşünden oluşan yılın dört bölümünden biri.

Mevzune: Düzenli, biçimli.

Meymune: Uğurlu, bereketli.

Meysure: Kolaylaştırılmış, kolaylanmış.

Meziyet: Bir kişiyi başkalarından ayıran özellik. Üstünlük.

Mihriban: Seven, sevgi ve ilgi gösteren, merhametli, şefkatli, samimi.

Mihrican: Geceyle gündüzün eşit olduğu gün.

Mihrimah: Güneş ve ay.

Mihrinaz: Naz güneşi.

Mihrinisa: Erdemli, nitelikli kadın. Kadınlığın güneşi.

Mihrinur: Nurlu ışıklarını saçan güneş.

Mihrişah: Şahların güneşi.

Mihriye: Güneşle ilgili, güneşe ait. Güneş gibi ışıklı.

Mina: İskele, gökyüzü.

Mine: Maden üzerine işlenen nakış. İnce, parlak. Dişin parlak kısmı. Küçük mavi yapraklı çiçek.

Miray: Ayın ilk günleri.

Mirac: Merdiven. Göğe yükselme.

Mircan: Yüce canlı.

Mirnur: Nurun içi. İçi nur dolu.

Misak: Akid, and, yemin, sözleşme.

Misbah: Aydınlatma cihazı, ışık kaynağı.

Morgül: Kırmızı ile mavi kırışımı gül.

Mualla: Yüksek, yüce, değerli.

Muaze: Sarılan, korunan, muhafaza edilen.

Muazzez: Saygı duyulan, saygı uyandıran, değerli, üstün.

Mucibe: Gereken, icab eden.

Mucide: Yeni bir şey ortaya koyan, icad eden.

Mucize: Olağanüstü. İnsanı hayran bırakan şey. Akıl ve mantıkla anlaşılamayan. Peygamberelere mahsus özel haller.

Muhabbet: Sevgi, sevme, dostluk.

Muhibe: Muhabbeti, sevgisi olan. Sevgi besleyen.

Muhlise: İçten dost.

Muhsine: İyilik eden, bağışta bulunan.

Muhterem: Saygı duyulan. Saygıdeğer. Hürmet edilen. Şerefli. Kıymetli.

Muhteşem: Olağanüstü, görkemli. İhtişamlı. Erişilmesi güç olan.

Muine: Yardım eden, yardım seven, yardımcı.

Mukaddem: Önde giden, öncelikli. Değerli, üstün.

Mukadder: Yazılı olmayıp, sözün gelişinden anlaşılan. Kader, alınyazısı. Takdir edilmiş.

Mukaddes: Temiz, pak, kutsal, noksansız.

Mukbile: Mutlu, bahtiyar, talihli. İkbal sahibi, mesut.

Mukrime: Mehtaplı, ay ışıklı.

Munise: Uyumlu, hayat yoldaşı.

Muradiye: Arzulanan, istenen.

Murassa: Mücevherlerle süslü, bezeli.

Musliha: Islah eden, düzelten. Terbiye eden, ara bulan.

Musanna: Sanatla yapılmış, sanatlı, süslü.

Muştu: Sevinçli haber, müjde.

Mutahhara: Temiz, arınmış, temizlenmiş.

Mutalla: Yaldızlı, yaldızlaşmış, yaldızlanmış.

Muteber: Yürürlükte olan, inanılır, güvenilir, itibarlı. Hatırı sayılır.

Mutena: Seçkin, önemli. Özenle yapılmış.

Mutiye: İtaat eden, boyun eğen. İtaatinde kusursuz. Cömert.

Mutlu: Uğurlu, kutlu, mesut, bahtiyar.

Muvahhide: Allah'ın birliğine inanan. Tevhid eden.

Muzaffer: Zafere ulaşan, başaran, üstün gelen.

Mübareke: Feyiz ve bereket kaynağı. Hayırlı, uğurlu. Hürmete layık. Saygı duyulan.

Mübeccel: Yüceltilmiş, ulu.

Müberra: Hata ve kötülükten uzak. Günahsız.

Mübeşşer: Müjdelenen. İyi haberlerle sevindirilmiş.

Mübeyyen: Açıkça söylenmiş. Meydana çıkarılmış. Bildirilmiş.

Mübine: İyiyi kötüden ayıran.

Mücella: Parlatılmış, cilalanmış.

Mücevher: Değerli süs eşyası.

Müdebber: Tedbirli. İhtiyatlı.

Müdrike: Aklı eren, anlayan, idrak eden, akıllı.

Müesser: Kendisine bir şey tesir etmiş olan. Tesir altında kalmış olan.

Müeyyed: Teyid edilmiş. Yardım görmüş. Doğrulanmış. Yalanlanmamış.

Müfahire: Övünen.

Müfide: İfade eden, anlatan. Faydalı, anlamlı.

Müge: Süs bitkisi..

Müjde: Sevindirici haber.

Müjgan: Kirpik.

Mükafat: Ödül, sevindirici davranış.

Mükerreme: Saygı kazanmış, saygıya ulaşmış.

Mükrime: İkram eden.

Mülhime: İlham veren, esinlendiren.

Mülkiye: Devlete yönetici yetiştiren okul.

Mümine: İman eden, İslamın bütün şartlarını yerine getiren.

Münevver: Nurlu, aydınlatılmış, aydın ve kültürlü.

Münibe: Allah'a yönelmiş, kendisini Allah'a adamış. Saf, içten.

Münife: Yüksek, yüce, ünlü, büyük.

Münire: Nurlandıran, aydınlatan, parlak.

Münteha: Son, nihayet, sonun en ucu.

Mürvet: İyi huylu, iyiliksever, mert.

Mürevva: Aklı sağlam, fikirleri isabetli, iyi düşünen.

Mürüvvet: Cömertlik, iyilikseverlik.

Müsevver: Çevresine duvar çevrilmiş.

Müslime: Müslüman olan. İslam dininde olan. Selamette olan.

Müşerref: Şerefli.

Müşfika: Merhametli, şefkatli.

Mütearife: İspat istemeyen, gerçekliği sabit olan.

Müveddet: Muhabbet, sevgi, eğilim.

Müvellide: Doğum yaptıran kadın. Ebe.Müyesser: Kolay bulunan, kolay yapılan, rast gelen.

Müzehheb: Tezhib edilmiş, süslenmiş.

Müzehher: Çiçekli, çiçek açmış, çiçeklerle donanmış.

Müzekka: Temizelnmiş, zekatını vermiş. Yüklerinden kurtulmuş.

Müzeyyen: Süslenmiş, bezenmiş, ziynetler takınmış.

N

Erkek Adları

Nabi: Haberci. Yüce. Yerden fışkıran.

Nabiğ: Yerden kaynayan, çıkıp fışkıran, akan.

Nabil: Ok yapan usta.

Nabit: Yerden biten, toprakta yetişen.

Naci: Kurtulan.

Nacil: Soyu sopu temiz olan kimse.

Nadi: Nida eden, haykıran, bağıran.

Nadim: Pişman olan, pişmanlık duyan, tövbe eden.

Nadir: Az bulunan.

Nafi: Menfaatli, faydalı. Gideren, yok eden.

Nafiz: Delip geçen, nüfuz eden, içe işleyen.

Nahit: Venüs, Zühre gezegeni.

Nahif: Zayıf, cılız.

Naip: Vekil, yaver, yardımcı.

Nail: Muradına eren, dileği gerçekleşen.

Naim: Cennet. Bollukta yaşama. Taze, körpe. Uyuyan.

Naki: Temiz, pak. Cennet katı.

Nakip: Kabilenin, başkanın vekili.

Namal: Adın duyulsun, ün kazan.

Namdar: Ünlü, nama sahip. Meşhur, tanınmış.

Namık: Yazıcı, yazar. Ünlü kişi.

Nami: Namlı, ünlü. Üreyen, çoğalan.

Namver: Şöhretli, ünlü.

Narman: Ateşli.

Nasıh: Öğüt ve nasihat veren.

Nasır: Yardımcı, yardım eden.

Nasip: Pay, hisse.

Nasih: Nasihat eden, öğüt veren.

Nasir: Nesir yazan, nesirci.

Nasr: Kur'an-ı Kerim'de bir sure adı. Yardım, nusret. Üstün olma.

Nasrettin: Dine yardım eden, yardımı dokunan.

Nasrullah: Allah'ın yardımı.

Nasuh: Nasihat eden.

Nasuhi: Bozulmayacak şekilde tevbe eden. Halis.

Nasut: İnsanlık, insanlara müteallik şeyler.

Naşit: Şiir okuyan, şiir yazan.

Naşir: Kitap yayınlayan.

Natık: Düşünen, söyleyen, bildiri, konuşan, bildiri. Beyan eden.

Nayi: Neyzen, ney çalan.

Nazım: Düzenleyen, manzume yazan.

Nazif: Sık giyimli, zarif, nazik, temiz. Pak insan.

Nazır: Bakan.

Nazmi: Düzenli, tertipli. Vezinli şiir yazan.

Nazret: Bakma, bakış, tazelik.

Nazzam: Tertipleyen, nizam veren, düzenleyen.

Neba: Haber.

Nebi: Haberci, haber getiren, peygamber.

Nebih: Ünlü, şerefli, namlı, tanınmış.

Nebil: Zeki, güzel huylu.

Necabet: Soyluluk, soy temizliği.

Necabettin: Dinin soyluluğu.

Necadet: Yiğitlik, kahramanlık, şecaat.

Necah: İhtiyaçlarını temin edebilmek, isteğe ulaşma. Kurtulma, murada erme.

Necat: Kurtulma, kurtuluş, selamete eriş.

Necati: Kurtulmuş, selamete ermiş.

Neccar: Marangoz, dulger.

Nejdet: Kahramanlık, yiğitlik.

Necef: Üzerine su çıkmayan yer, tepe, tümsek.

Necip: Temiz soylu, asil. Yürekli.

Necid: Yüksek yayla.

Necil: Asil, soyu sopu temiz.

Necmi: Yıldızlarla ilgili.

Neciy: Sırdaş, sır saklayan.

Necmettin: Dinin yıldızı.

Necmi: Yıldızla ilgili, yıldızlara dair.

Nedim: Sohbet arkadaşı, dost.

Nedis: Akıllı kışı.

Nedret: Az bulunan.

Nedve: Mekke'de sosyal konuları görüşmek üzere yapılan bina.

Nefer: Asker, er, tek olan, bir kişi.

Nef'i: Faydalı.

Nefir: Cemaat, topluluk, savaş için seferber olan topluluk, boynuzdan bü yük boru.

Nefis: Çok güzel, hoşa giden, çok iyi, beğenilen. İnsanın içindeki istekler bütünü.

Nehar: Gündüz.

Nehib: Çapulcu, yağmacı, dehşet, korku.

Nehir: Irmak, büyük akarsu.

Nejat: Soy, nesil. Soyu temiz.

Nerim: Pehlivan, yiğit, kahraman.

Nermi: Yumuşak, ılımlı.

Nesefi: Yapı ustası.

Nesib: Soylu, soyu temiz olan.

Nesif: İki kişi arasında olan sır.

Nesih: Eskiden verilmiş hükmü kaldırma.

Nesim: Hafif ve hoş esen rüzgar.

Nesimi: Hafif hoş esen yel ile ilgili. Yumuşak huylu hoş kimse.

Neşat: Sevinç, neşe, şenlik.

Neşri: Neşir ile ilgili neşreden, yayan.

Neşet: Yetişme, meydana gelme, doğma.

Nevadi: Toplantılar, meclisler.

Nevadir: Nadiler, az olanlar.

Nevai: Sese, ahenge ait.

Neval: Bağış, kısmet, talih.

Nevaz: Okşayıcı, okşayan.

Nevcivan: Delikanlı, genç.

Nevfel: Deniz, derya.

Nevhiz: Genç, yeni yetişmiş, yeni çıkmış.

Nev'i: Tür, cins, sınıf ve bunlara ait, bunlarla ilgili.

Nevid: Müjde, iyi, sevinçli haber.

Nevir: Bet beniz, sima, çehre, yüz.

Nevreddin: Dinin parlaklığı, aydınlığı.

Nevres: Yeni yetişen, yeni biten, genç, taze.

Nevruz: Yeni gün, yeni yıl, baharın ilk günü

Nevsal: Yeni yıl.

Nevşah: Yeni çıkmış geyik boynuzu. Yeni dal.

Nevzat: Yeni doğmuş, yeni doğan çocuk.

Nevzar: Ağlaması güzel olan.

Neyyir: Işıklı, parlak, parlayan cisim, güneş.

Neyzar: Kamışlık, sazlık.

Nezih: Temiz, pak. Ahlakı bütün.

Nezihi: İncelikle, ilgili, temiz.

Nezir: Allah'a adak.

Nezzam: Düzenleyen, nizam veren.

Nigah: Bakış, bakma, nazar.

Nihat: Tabiat, huy, karakter, yaradılış.

Nimet: İyilik, rızık.

Nimetullah: Allah'ın nimeti, iyiliği, verdiği rızık.

Niyaz: Yalvarma, dua.

Niyazi: Yalvaran, dua eden.

Nizam: Düzen, sıra, dizi.

Nizamettin: Dinin düzeni.:

Nizami: Düzenli, tertipli.

Nuh: Teselli. Bir Peygamber adı.

Numan: Kan. Hayatın güzelliği, refah.

Nur: Işık, aydınlık, parlaklık, yücelik.

Nurani: Saygı uyandıran, nurlu, ışık saçan.

Nuratay: Nurlu olarak bilinen, tanınmış kişi.

Nurbaki: Sönmeyen ışık.

Nurcan: Nurlu can, can nuru, can ışığı.

Nurbay: Nurlu, aydınlık kişi.

Nurettin: Dinin nuru.

Nurefşan: Etrafını aydınlatan, nur saçan.

Nurer: Nurlu insan.

Nurersin: Aydınlık, ışıklı. Büyüsün, dileğine kavuşsun.

Nurhan: Nurlu, ışıklı önder. Esenlikler getiren.

Nuri: Nurlu, ışıklı, aydın.

Nurkan: Temiz, berrak soydan gelen.

Nurkut: Uğurlu, mübarek, aydınlık kimse.

Nurol: Nurlu, ol, ışık dol.

Nursal: Işık saç, aydınlat.

Nurtekin: Aydın, güvenilir, emin, şehzade.

Nurullah: Allah'ın nuru.

Nurzat: Aydınlık, nurlu kişi.

Nusret: Allah'ın yardımı. Zafer, başarı.

Nusreddin: Dinden yardım elde eden.

Nuşin: Lezzetli, tatlı.

Nutki: Lakırdı, söylev söyleyen, konuşma.

Nıyan: Prens, şehzade.

Nüvid: Hayırlı, sevinçli haber. Müjde. Muştu.

Nüzhet: Neşe, sevinç, ferahlık.

N

Kız Adları

Nabia: Fışkıran, akan.

Nabite: Yerden filizlenen, yetişen.

Nabiye: Yüksek, yüce, şerefli, ulu. Haber getiren.

Naciye: Necat bulan, kurtulan, selamete eren.

Nadide: Az bulunan, görülmemiş.

Nadime: Tövbe eden, pişmanlık duyan.

Nadire: Çok az bulunan.

Nadiye: Sudan uzak, hurma ağacı. Seslenen, bağıran, nida eden.

Nafia: Faydalı.

Nafile: Ganimet, mal, bağış, ihsan. Boşa giden.

Nafize: Nüfuz eden, işleyen, sözü geçen. İçe işleyen, tesir eden.

Nagehan: Birdenbire, ansızın.

Nağme: Güzel ses. Uyumlu ezgi. Nota.

Nahide: Yeni yetişmiş kız. Venüs gezegeni. Çoban yıldızı.

Nahile: Huy, tabiat, mizaç.

Nahire: Ayın ilk günü, ya da son gecesi.

Naibe: Vekil olan, temsil eden.

Naile: Muradına eren.

Naime: Nimetler ve bolluk içinde nazlı büyütülmüş.

Naire: Sıcak, ateş, alev.

Nakibe: Akıl, ruh.

Nakile: Nakleden, getirip götüren.

Nakiye, Nakiyye: Temiz, pak. Cennet katı.

Nakşidil: Gönül süsü.

Nalan: İnilti.

Nale: İnilti, inleme.

Nalezen: İnleyen.

Name: Mektup. Sevgiliye yazılan yazı.

Namıka: Yazıcı, katip, yazar.

Namiye: Yerden bitme, büyüyüp gelişme.

Nardan: Gözyaşı damlaları. Nar taneleri.

Nardane: Nar tanesi.

Nardin: Tepesinde tek çiçek açan, çay ırlarda yetişen bir çeşit sümbül.

Nareva: Reva olmayan, yakışıksız.

Nargül: Ateş renginde, kırmızı gül.

Narin: İnce yapılı.

Nariyye: Nar ile nara ait. Ateşten tutuşup yanan şey.

Narsultan: Ateş sultan.

Nasıra: Yardımcı, yardım eden. İmdada koşan.

Nasibe: Birinin elde ettiği şey, hisse, pay. Allah'ın kısmet ettiği. Nişan için yollara dikilen taşlar.

Naşad: Şad olmayan, hüzünlü, üzüntülü.

Naşide: Şiir okuyan, şiir yazıp söyleyen.

Naşire: Neşreden, yayan, dağıtan.

Natıka: Konuşan, söyleyen, bildiren. İdrak eden.

Naz: İşve, kendini beğendirmek için yapılan işveli hareketler.

Nazafet: Paklık, temizlik, arılık.

Nazan: Nazlı.

Nazende: Nazlı, edalı.

Nazenin: Çok nazlı, cilveli, narin yapılı. Nazlı büyütülmüş.

Nazgül: Nazlı gül. Naz eden gül yüzlü.

Nazıdil: Gönül nazı, gönül cilvesi.

Nazıme: Dizi dizi. Sıralanan. Tanzim eden, düzenleyen. Düzene koyan, şiir yazan.

Nazıra: Nazar eden, nezaret eden, bakan. Gözleyen.

Nazife: Temiz, pak, nazik.

Nazik: Saygılı, terbiyeli.

Nazike: İnce, zayıf, kibar, terbiyeli.

Nazile: Yukarıdan inen.

Nazire: Örnek, karşılık. Benzetmek için yapılan.

Nazlan: Nazlı ol.

Nazlı: Naz yapan, cilveli.

Nazlıgül: Naz eden gül yüzlü.

Nazmiye: Vezinli, kafiyeli söz. Sıraya koyma. Dizme. Düzenleme.

Nazra: Bir tek bakış.

Nebahat: Şanlı, şerefli.

Nebalet: Akıllılık, ululuk, cömertlik.

Nebha: Yüksek beyaz yer.

Nebihe: Şanlı, şerefli.

Nebile: İyi huylu, zeki ve onurlu.

Nebiye: Çağıran, müjde veren, haber getiren.

Necibe: Temiz soylu.

Necile: Asil, soyu temiz.

Necla: Soy, nesil, kuşak. Kız çocuk.

Necmiye: Yıldızla ilgili.

Necve, Necva: Yüksek ve tümsek yer.

Neda: Nem, ıslaklık, çiy.

Nedime: Sohbet arkadaşı. Samimi dost.

Nedret: Az bulunan.

Nedve: Görüşme, konuşma.

Nefaset: Nefislik, hoşluk, kıymetlilik.

Nefise: Çok beğenilen, pek güzel.

Nehar: Gündüz.

Nehir: Akarsu, ırmak, büyük dere.

Nekibe: Belirsiz.

Nema: Çoğaltma, arttırma, büyüme, uzama. Faiz.

Nemika: Güzel yazı, mektup, yazılı kağıt. Süslü elbise.

Nemire: Dişi kaplan. Yün kaftan.

Nergiz: Papatyaya benzeyen güzel kokulu bir çiçek. Güzel gözlü.

Neriman: Kahraman, yiğit yürekli.

Nermin: Yumuşak, merhametli.

Nesibe: Soyu temiz.

Nesime: Hafif rüzgar. Alçak gönüllü insan.

Nesire: Kuyu toprağı.

Nesligül: Gül soylu, güzel ve güler yüzlü soylu.

Neslihan: Soylu, asil. Han soyundan.

Neslişah: Hükümdar, şah soyundan.

Nesrin: Yaban gülü.

Neşe: Sevinç, gönül hoşluğu.

Neşecan: Neşeli can.

Neşegül: Neşeli güler yüzlü.

Neşenur: Neşe kaynağı nur yüzlü.

Neşever: Neşelendir, şenlendir.

Neşide: Şiir, manzume, özlü söz, Ezgi, nağme.

Neşita: Bir şeyin aranmadan bulunması. Savaşa giderken bulunan ganimet.

Neşve: Sevinç, kıvançlı olma, şen olma.

Neva: Ses, ahenk.

Nevade: Oğul veya kız evladın çocuğu. Torun.

Neval: Talih, kısmet.

Nevbahar: İlkbahar.

Nevbar: Turfanda çıkan meyve.

Nevfer: Nilüfer çiçeği.

Nevgül: Yeni, taze gül.

Nevide: İyi, sevinçli haber.

Nevin: Yeni, çok yeni.

Nevinur: Işık, renk. Yeni nur, yeni ışık.

Nevir: Ağaç çiçeği. Parlaklık, ışıltı.

Nevnida: Yeni seslenir.

Nevnihal: Taze fidan, yeni filiz.

Nevra: Yenlik, parlaklık. Çiçek.

Nevred: Dolaşan, gezen, yol açan.

Nevres: Yeni doğmuş, genç, taze.

Nevreste: Yeni yetişen, yeni biten.

Nevriye: Parıltılı, aydın.

Nevruz: İlkbaharın başlangıcı. Yeni gün.

Nevruzgül: Bahar günü doğan gül yüzlü.

Nevvare: Nurlu, aydın, aydınlık.

Neyelan: İsteğe ulaşma, arzulanan şeye kavuşma.

Neyyire: Güneş, ışıklı, nurlu cisim.

Nezafet: Temizlik, paklık. Pakize.

Nezahat: Temizlik, ahlak temizliği.

Nezaket: Kibarlık, incelik, nazik ve görgülülük.

Nezihe: Ahlakı temiz.

Nezire: Allah'a adanmış. Doğru yola iletmek için korkutan.

Nezzare: Nezaret eden. Vekil olan. Seyreden, bakan, gözleyen.

Nida: Seslenme, çağırma.

Nigah: Bakış, bakma.

Nigahban: Bekçi, gözcü, gözleyen.

Nigar: Güzel, güzel yüzlü. Resim, resim gibi güzel.

Nihal: Taze, ince ve düzgün yapılı.

Nihale: Yeni yetişmiş, fidan. Döşenecek yer, döşeme.

Nihan: Gizlenmiş, gizli. Sır sahibi.

Nihavend: Müzikte bir makam.

Nihayet: Son, sonunda, sonuç.

Nikab: Örtü, peçe, yüz örtüsü.

Nikan: İyiler, güzellikler.

Nikbin: İyimser. İyilik bekleyen, herşeyi iyiye yorumlayan.

Nil: Çivit otu. Kuzeydoğu Afrika'da büyük bir ırmak.

Nilay: Lacivert ay. İki nehir.

Nilgün: Lacivert gözlü güzel. Güzel günler dileyen.

Nilhan: Lacivert gözlü soylu güzel.

Nilüfer: Durgun sularda yetişen çiçek.

Nimet: İyilik, yiyecek, rızık.

Nimruz: Yarı gün, öğle. Günün yarısı.

Nisa: Kadın, kadınlar.

Nisan: Bahar aylarının ikincisi.

Nisar: Serpmek, saçmak.

Nisangül: Nisan ayında doğan gül yüzlü.

Nişan: Alamet, iz, belirti, işaret. Fermanlardaki tuğra.

Nuhbe: Herşeyin seçkini, iyisi, güzide.

Nukave: Temizlik, paklık.

Nur: Işık, aydınlık, parlaklık.

Nural: Aydınlan, bilgi ve ışık al. Işığınla aydınlat.

Nuralem: Evrenin nuru, alemi aydınlatan ışık.

Nuran: Nurlar, ışıklar.

Nuray: Ayın nuru, bereketi, ışığı. Işık saçan, aydınlatan ay.

Nurayşe: Nurlu, ışıklı Ayşe.

Nurbanu: Nurlu hanım.

Nurcan: Nurlu yaşayan.

Nurcihan: Cihanın nuru, dünyanın ışığı.

Nurçin: Işık toplayan, nur toplayan.

Nurdal: Nurlu dal.

Nurdan: Nur tanesi, nurdan, ışıktan yaratılmış olan.

Nurdanay: Nurdan yapılmış, nur gibi ay.

Nurdane: Işık tanesi.

Nurdil: Nur gibi ışıklı, aydınlık doğan.

Nurdoğan: Doğumuyla dünyaya nur, ışık getiren.

Nurefşan: Ortalığı ışıkla dolduran, aydınlık veren, nur saçan.

Nurel: Nurlu el, eli uğurlu olan.

Nurfer: Parlak ışık.

Nurfidan: Zarif ve aydınlık. Taze ve pırıl pırıl.

Nurgönül: Gönlü aydınlık.

Nurgül: Nurlu, ışıklı gül.

Nurgün: Işıklı gün, bütün hayatın ve günlerin en parlak, en uğurlu günü.

Nurhan: Nurlu, ışıklı, han soyundan.

Nurhayat: Nurlu, aydınlık hayat.

Nurhilal: Çok ışık saçan ay, nurdan yapılmış yay gibi ay.

Nurışık: Bol ışık, aydınlık.

Nurinisa: Nurlu kadın.

Nuriye: Nurlu, aydınlık.

Nurlan: Aydınlan, parla, nurlu ve bahtiyar ol.

Nurmah: Nurlu ay.

Nurluay: Parlayan ay.

Nurmelek: Nurlu, melek huylu.

Nursaç: Nur, ışık saç.

Nursal: Nur, ışık sal. Nurdan yapılmış.

Nursel: Işık seli. Esenlik ve aydınlık getiren.

Nurseli: Işık demeti.

Nursema: Işıklı gökyüzü.

Nursen: Nur, ışık ve mutluluk getiren.

Nurser: Nurlu, aydınlık insan.

Nurseren: Nur gibi aydınlık, nur sütünü, ışık sütunu.

Nursev: Nuru, ışığı sev.

Nursevil: Nur gibi, ışık gibi herkes seni sevsin.

Nursim: Gümüş gibi parlak ve aydınlık.

Nursima: Aydınlık ve ışıklı yüz.

Nursine: Parlak, aydınlı yürek.

Nursan: Nurlu, aydınlık, ün sahibi.

Nursu: Nurlu, berrak su

Nursun: Aydınlıksın, nur gibisin.

Nurşah: Nur yüzlülerin şahı, güzeller güzeli.

Nurşen: Neşeli insan. Işıklı, güleryüzlü kimse.

Nurtane: Biricik, nurlu insan.

Nurtek: En iyi nur, nur gibilerin içinde tek olan.

Nurten: Teni nurlu, parlak tenli.

Nurver: Çevreni nurlandır, aydınlat.

Nurveren: Etrafını ışıtan, aydınlatan, nurlandıran.

Nurzen: Nurlu, ışıklı kadın.

Nurzer: Altın gibi parlayan ışık.

Nüceba: Cömert, lütuf ve keremi çok.

Nüfaze: Ağaç veya başka bir şeyin silkelenmesi ile düşen meyve.

Nühüfte: Saklı, gizli.

Nükhet: Koku.

Nümude: Görünmüş, gösterilmiş, gözükmüş.

Nüsafe: Buğdaydan ayrılan saman.

Nüsare: Saçılan şey.

Nüve: Çekirdek. Bir şeyin özü.

Nüveyre: Parlak, küçük şey.

Nüvide: Müjde.

Nüzfe: Az, cüzi.

Nüzhet: Neşe, eğlence. Gönül hoşluğu.

O

Erkek Adları

Obuz: Su kaynağı, yazın kuruyan küçük dere.

Obruk: Çukur, oyuk, kuyu, çukurlu düden.

Odhan: Ateş gibi canlı, hareketli hükümdar.

Odkan: Kanı ateş gibi, canlı, coşkulu, hareketli kimse.

Odman: Coşkulu, hareketli, canlı kimse.

Oflaz: İyi, güzel, hoş, tam. Yürekli, gürbüz.

Oflazer: Yakışıklı, gürbüz, becerikli yiğit erkek.

Ogan: Öğrenme, anlayış, muhakeme, anlama.

Oganer: Öğrenmiş, bilgili, anlayışlı erkek.

Ogün: Sözü edilen büyük gün. Önemli gün.

Oğan: Kudretli, kuvvetli, güçlü.

Oğaner: Tanrının gönderdiği er. Kağan sülalesine mensup erkek.

Oğmaç: Ekmek veya hamurdan yapılan yemek, taze tarhana.

Oğuç: Hısım, akraba, bereket bolluk.

Oğur: Samimi, içten davranan, dost, uğur, hayır, devlet, bereket.

Oğuralp: Uğurlu, hayırlı, samimi yiğit.

Oğuş: Erkek çocuk, aile.

Oğuz: Uslu, dürüst, sağlam, güçlü. İyi, güzel hal sahibi kişi. Ok işareti.

Oğuzalp: Oğuz neslinden yiğit savaşçı.

Oğuzata: Oğuz soyundan gelenlerin ataları.

Oğuzbala: Oğuz soyundan gelen çocuk.

Oğuzbay: Oğuz soyundan gelen zengin, cömert kimse.

Oğuzcan: İyiliksever, dürüst, uyumlu kişi.

Oğuzer: Oğuz nesline mensup erkek.

Oğuzhan: Yiğit.

Oğuzkan: Oğuz soyundan gelen. Oğuz kanı taşıyan.

Oğuzman: Güçlü, sağlam, iyi yürekli.

Oğuztan: Güçlü parlak tan.

Okan: Anlayış. Asil kan.

Okanalp: Anlayışlı, kavrayışlı, yiğit, güçlü kimse. Tanrının güç verdiği yiğit.

Okanay: Anlayışlı, aydın kimse.

Okandan: Tanrının ihsanı.

Okaner: Anlayışlı, Tanrının ihsanı olan erkek.

Okat: Oku at, ok atışı yap

Okay: Ok gibi doğru ve dürüst, ay gibi parlak ve lekesiz.

Okbaş: Okçuların başkanı, başı.

Okbay: Dürüst ve doğru efendi, zengin.

Okboğa: Ok gibi hızlı, boğa gibi güçlü.

Okcan: Canıtez, hareketli, canlı.

Okçu: Ok taşıyan, iyi ok atan.

Okçun: Uzak mesafede, ötelerde.

Okdemir: Demir ok, ok gibi hızlı, demir gibi sağlam, dirençli.

Oker: Ok gibi hızlı, atik kimse.

Okergün: Hızlı, olgun.

Okgüç: Hızlı ve güçlü, atak, kuvvetli.

Okhan: Hızlı, atak hükümdar.

Okkan: Kanı ok gibi, kabına sığmaz, cevval.

Oksal: Ok atması istenen, ok gibi doğru ve hızlı olan.

Oksalmış: Ok atmakta usta ve tecrübeli olarak tanınmış.

Oksar: Ok atıcısının atışa hazırlanması.

Oksav: Attığı okların hepsini hedefe vuran, çok ok atan.

Oksev: Doğruluk ve dürüstlüğünle sevil.

Okseven: Ok atmayı seven, ok atmada gayretli, gönüllü.

Oktan: Ok gibi hızlı davranan erkek.

Oktar: Ok atar. Doğruluktan ayrılmaz.

Oktay: Ok gibi hızlı, tay gibi çevik. Dik ve yüce dağ.

Oktuğ: Ok gibi uçan, her yere dikilen tuğ.

Oktuna: Tuna yöresinden çıkmış kimse.

Oktöre: Doğru ve hızlı tecelli eden kanun, düzen.

Okumuş: Eğitim görmüş, bilgili, kültürlü.

Okuntu: Davetiye, düğüne davet için dağıtılan, okunmuş şeyler.

Okutan: Okutucu, öğretici.

Okutman: Okutucu, eğitici öğreten.

Okuyan: Okumayı seven, bilgili, aydın.

Okyan: Dağın düzgün, eğimli yamacı. Yan tarafın tamamı.

Okyar: Dik ve düzgün uçurum.

Okyay: Savaşta ele geçirilen ganimet. Savaş aletleri ve silahlar.

Olca: Ganimet, mal, eşya.

Olcay: Mutlu, bahtiyar. Ulaşma, yetişme.

Olcaytu: Bahtı açık, talihli.

Oldaç: Olgun, yetişmiş, ermiş, gelişmiş.

Olgaç: Olgun, iyi yetişmiş, gelişmiş, güçlü.

Olgun: Yetişmiş, olmuş. Bilgi ve görgü yönünden gelişmiş.

Olgunay: Tam, bütün ay, ayın ondördündeki dolunay.

Olguner: Olgunlaşmış, ermiş erkek.

Olgunsu: Aranılan özelliklere sahip su. Olgun insan.

Olsar: Adın, ünün bilinsin, duyulsun.

Oltan: Tan ol, şafak ol. Işığınla aydınlat.

Onar: Zenginleşen, hastalık ve dertten kurtulan.

Onaran: Tamir eden, iyileştiren, düzelten, bitiren, başaran.

Onat: Doğru, iyi, mükemmel, uygun, düzgün, dürüst.

Onatkan: Dürüst, temiz, şerefli soydan gelen.

Onbulak: On pınar.

Ongar: Kurtuluş.

Ongay: Kolay aşan.

Ongun: Kutlu, uğurlu, gürbüz, kurtulmuş.

Ongunalp: Kutlu, uğurlu yiğit.

Onguner: Kutlu, uğurlu, gürbüz erkek.

Onuk: Aziz, sevgili, beğenilen.

Onuker: Saygı duyulan, aziz erkek.

Onuktekin: Saygı duyulan aziz, şehzade.

Onul: İyileş, sağlıklı, esen ol.

Onultan: İyileştiren, sağlığına kavuşturan, şifa veren.

Onur: Şeref, saygı, değer.

Onurad: Şerefli, haysiyetli, vakarlı olarak tanınmış.

Onural: Şerefli, haysiyetli, vakarlı ol.

Onuralp: Şerefli, haysiyetli, vakarlı, cesur, yiğit kimse.

Onurhan: Saygıdeğer, şerefli han. Han'ın şerefi.

Onursal: Şerefli, haysiyetli insan olarak tanın.

Onursan: Şerefli, saygılı ad sahibi. Saygı gören.

Onursay: Şerefli, haysiyetli, saygılı ol.

Onursu: Şerefli, haysiyetli, vakarlı olmaya çalışan.

Opuz: Sert, çetin.

Oral: Fetih, bir yeri zaptetmek, kaleyi almak.

Oran: Nisbet, had sınırı, ölçü, derece, miktar, kaide, usul.

Oray: Şehirde yaşayan, şehir halkından, ateş kızılı renk.

Orbay: Kale komutanı, ordunun beyi, komutanı.

Orbey: Şehir beyi, şehirde sözü geçen, yetkisi olan.

Orcan: Cana yakın, saraylarda oturmaya layık kişi. Sıcak kanlı.

Orcaner: Kıdemli, güngörmüş üstün erkek.

Orçun: Sonradan gelenlerin öncekilerin yerini alması.

Orgun: Saklı, gizli.

Orguntay: Tanınmamış, bilinmemiş, yeni yetme at veya delikanlı.

Orgün: Bilinmeyen, önceden farkına varılmayan önemli gün.

Orhan: Kent, kale hanı, önder.

Orkan: Yüksek, yüce insanların nesli, onların kanından gelen.

Orkun: Orhun isminin başka şekilde söylenişi.

Orkutay: Yüksek, mübarek ay. Kutsal ay.

Ortaç: Ozanların toplandığı tepe. Mirasçı. Veliahd.

Ortan: Ateş renginde. Tan yerinin ağarması.

Ortun: Ortanca kardeş.

Ortunç: Ateş renginde, kızıl.

Oruç: Allah rızası için tan yerinin ağarma vaktinden güneşin batışına kadar yiyip içmemek şeklinde yapılan İslamın beş şartından birisi olan ibadet.

Oruk: Uruk, göç edip bir yere yerleşen topluluk, geniş aile.

Orun: Makam, özel yer. Yaradılış, huy.

Orus: Esenlik, kısmet, talih, şans.

Oruz: Düşünmek.

Oskan: Akıllı, zeki.

Oskay: Mutlu, neşeli.

Osman: Üçüncü halife. Hz. Peygamber'in arkadaşı. Ejderha. Yırtıcı kuş.

Otacı: Tabip, hekim, doktor.

Otakçı: Çadır, imal eden, satan veya bu işle görevli kimse.

Otaran: Hayvanları otlatan.

Otay: Ateş renginde ay. Dolunayın ufka yakın olduğu durum.

Oylum: Oyuk, çukur, hacim, oymalı, delik deşik.

Oymak: Kabile, aşiret. Oyma işi yapan.

Oyman: Düşünce ve görüş sahibi, görüşüne baş vurulan.

Oytulga: Tutturmak için yapılan geçici seyrek dikiş.

Oytun: Mübarek, kutsal. Alçak ovalık yer, beğenilen yer.

Oytunç: Tunç gibi sağlam karakterli.

Oyum: Oymak işi, bir ağaç veya benzerini oymak, oyuk açmak.

Ozan: Şair. Sazla şiir söyleyen. Halk şairi.

Ozanalp: Kopuz çalıp, şiir okuyan, şiir yazan, cesur, yiğit kimse.

Ozaner: Kopuz çalıp, şiir okuyan erkek.

Ozansoy: Kopuz çalıp şiir okuyan bilge kişinin soyundan gelen.

Ozgan: Başarılı olan, öne geçen, kazanan.

O

Kız Adları

Okşan: Sevil, sevgiye değer ol.

Olca: Kadın esir, ganimet. Esir alan, etkileyen.

Olcay: Mutluluk, bahtiyarlık, şanslılık.

Olçum: Her işte başarılı, eli her işe yatkın, hünerli kibirli.

Omaç: Erek, hedef, gaye.

Onat: Güzel, dürüst, iyi. Özenli, düzgün. İyi ahlaklı.

Onay: Uygun olduğuna inanılan, uygun bulunan. Tasdik etme.

Ongay: Kolay.

Ongu: Verimli, bereketli.

Ongun: Beğenilen, kutlu olduğuna inanılan. Uğurlu, verimli, tam, mübarek. Kutlu.

Ongunsu: Kutlu, uğurlu. Gür akan su.

Oray: Ateş renginde olan. Şehirde yaşayan.

Orgül: Kentli gül yüzlü. Ateş gibi yakan gül yüzlü.

Orgün: Güneş sıcağı, güneş ateşi.

Orkide: Güzel çiçekli bazı bitkilerin ortak adı.

Otay: Ateş renginde olduğu zamanki ay gibi.

Oya: İğne, tığ ile işlenen ince örgü, nakış.

Oyal: Oyalı, oya yapma.

Oylum: Vadi. Cisimlerin hacimleri. Resimde derinlik, üç boyutluluk etkisi.

Oytun: Kutlu, kutsal, mübarek. Alçak yer, düz ova.

Oyum: Oyma, oymacılık işleri.

Ö

Erkek Adları

Öbek: Aynı cins veya benzerlerinin grubu. Küme, bölük.

Öcal: Yapılan kötülüğü affetmeyip, öcünü almak.

Öçürgen: Söndüren, yatıştıran, soluk kesen.

Öğetürk: Bilgili, akıllı, zeki Türk.

Öğer: Bilgili, akıllı kimse.

Öğür: Yakın yaşta bulunan, akran, eş. Yaşıt. Birbirine alışmış. Fırka, zümre, sınıf.

Öğüt: Nasihat. Yapılması veya yapılmaması, iyi veya kötü olan şeylerin bildirilmesi.

Öker: Akıllı, zeki kişi. Ferasetli.

Ökkeş: Toplayan, kuvvetlendiren. Örümcek.

Ökmen: Bilgili, akıllı.

Öktem: Güçlü, üstün, ünlü, namuslu, korkusuz.

Öktemer: Onurlu, güçlü, korkusuz, gösterişli erkek. Şerefli, namuslu.

Ökten: Yerinde söz söyleyen. Hazır cevap. Güçlü.

Öktürk: Güçlü, uslu, onurlu Türk.

Öküş: Akıl, mantık. Çok ziyade, fazla.

Ömer: Dirilik, canlılık. İslamın ikinci halifesi.

Ömür: Yaşam süresi. Dirilik, canlılık. Hayat.

Ömüral: Çok uzun yıllar yaşa, diri ol.

Ömürcan: Ömür boyu canlı kal.

Önal: Öne geç, öncü ol.

Öncü: Önde olan, önayak olan, rehber.

Önay: Öncü. İlk ay. Hilal.

Önder: Lider, baş, şef, rehber, kılavuz.

Önel: Verilen mehil, süre.

Öner: Öndeki yiğit. Teklif et, görüş bildir.

Öney: Öncü. Onay. Tasdik.

Öngel: Ağır başlı.

Öngen: Öne geçen, başarıya ulaşan, öncü.

Öngür: Öngörü sahibi. Genç yaşta zengin olan.

Öngüt: İzinden yürüme, saklanarak yanaşma, hücum etmek için uygun yer.

Önkal: Daima önde, başta kal.

Önsal: Önden ayrılma.

Önsel: Yüzeysel, derine inmeden farkedilen.

Önsoy: Önde gidenin, önder olanın soyundan.

Ören: Örmek işini yapan. Eski yerleşim yerinin harabesi.

Örener: Cömert erkek.

Örsel: Yüksek, cevherli.

Örgen: Örme işi yapan, örmüş.

Örken: Örülerek yapılmış ip, halat, urgan.

Örsan: Adı, sanı yüce olan.

Örsel: Cömertlik, ululuk ile ilgili.

Ötleğen: Sığırcığa benzer boz renkli ötücü kuş.

Ötügen: Orhun havzası ile Tanrı dağları arasındaki Göktürklerin başkentinin bulunduğu ormanlık bölge.

Övüngen: Kendisini öven, övülmekten hoşlanan.

Öymen: Evine bağlı, evcimen.

Öyük: Aşk ve sevgi coşkusu.

Özak: Bembeyaz, tertemiz, özü ak. İçi, kalbi temiz.

Özakan: Cömert yaradılışlı kimse.

Özakın: Gerçek akın.

Özakıncı: Özünde akıncılık olan, akıncı sınıfı.

Özaktuğ: Barışsever, barış bayrağı taşıyan.

Özal: Saf, temiz, iyilik dolu kalb. İyilik bul, cevher al.

Özalp: Gerçek yiğit, saf ve temiz yürekli yiğit.

Özalpman: Yaradılışı yiğit, özünde yiğitlik olan.

Özalpsan: Saf ve temizliği ile ün yapan gerçek yiğit.

Özaltan: Göğün, havanın kızıllaşarak güneşin doğuşu.

Özaltuğ: Kırmızı renkli tuğ.

Özaltun: Saf altın, katışıksız yüksek ayarlı altın.

Özarkın: Yavaş, sakın, uysal yaradılışlı kimse.

Özaslan: Aslan gibi yürekli bir yaratılış sahibi.

Özata: İyi yürekli ata.

Özatay: Gerçek ün sahibi, tanınmış kişi.

Özay: İçi temiz, dürüst.

Özaydın: Özü aydınlık, içi temiz. Temiz yürekli.

Özbal: Gerçek bal gibi.

Özbala: Öz çocuk, üvey olmayan.

Özbaş: Önder yaradılışlı, her zaman başta olan.

Özbatu: Batıya mensup, batı bölgesinden olan.

Özbay: Gönlü zengin.

Özberk: Özü güçlü, sağlam imse.

Özbey: Özden, kökten bey.

Özbilek: Bileği güçlü kimse.

Özbilen: Bilgili, bilgisi çok, sezgisi güçlü.

Özbilge: Herşeyin iç yüzüne egemen.

Özbir: Özü sözü bir.

Özboğa: Gerçek boğa gibi yaradılışlı.

Özcan: Özden, içten, samimi, candan, riyasız.

Özcebe: Zırh, silah yapan, bu işlerle uğraşan kişi.

Özçelik: Çelik gibi sert, sağlam, güçlü olan.

Özçevik: Çevik, atik, hareketli.

Özdağ: Dağ gibi ulu, yüce yaradılışlı olan.

Özdal: En önemli destek.

Özdamar: Soyuna çeken, soyunun güzelliğini taşıyan.

Özdeğer: Yaradılışı değerli, çevresinin takdirini kazanan.

Özdek: Esas, temel, kök, öz, çekirdek, iç. Ağaç gövdesi. Ekin sapı.

Özdemir: Yaradılıştan demir gibi sağlam, karakteri düzgün.

Özden: Gönülden, yürekten, soydan temiz ve iyi.

Özdener: Yaradılıştan erkek, mert olan.

Özdeş: Emsallerine benzeyen, onlarla eşit olan, aynı olan.

Özdil: Kendi anadili. İçten gönülden, samimi.

Özdinç: Diri, canlı yaradılışlı, sağlam bünyeli.

Özdoğa: Bozulmamış, insanlardan uzak. Tahrip edilmemiş tabiat.

Özdoğru: Yaradılıştan doğru, temiz.

Özdur: Ömür boyu dürüst yaşayan.

Özdurdu: Sakin yaradılışlı, sabit, hareketsiz kimse.

Özduru: Berrak, saf yaradılışlı.

Özek: Çekirdek, göbek, merkez. Çıban.

Özel: Hususi, şahsi, zati.

Özen: Dikkat, itina, ihtimam.

Özengen: Özenen, bir işi zevk için yapan kişi.

Özender: Kendisi değerli olan, zor bulunan, yaradılıştan üstün, kıymetli.

Özengin: Geniş, ferah yaradılışlı.

Özer: Özden, aileden dürüst. Kalbten, yaratılıştan yiğit.

Özercan: Yaradılıştan doğru ve yiğit.

Özerdal: Yaradılıştan soyuna çeken, aslına benzeyen.

Özerdem: Yaradılıştan erdemli, faziletli.

Özerdinç: Yaradılıştan diri canlı erkek.

Özerek: Esas hedef, esas gaye, esas amaç.

Özerk: Kendi kendisini yöneten, yönetme yetkisi olan.

Özerkin: Bağımsız, özgür, güçlü olan.

Özerkmen: Yaradılıştan güçlü olan.

Özerman: Yaradılıştan güçlü olan, sözü geçen.

Özerol: Yaradılıştan güçlü olan.

Özertan: Bulutsuz, sissiz, pussuz havada tan yerinin ağarması.

Özge: Başka. Eşsiz. Yabancı.

Özgebay: İyi yürekli, varlıklı, cömert kimse.

Özgenalp: Oturaklı, ağırbaşlı, sakin, cesur, yiğit kimse.

Özgen: Özgür, özerk, hür.

Özgenç: Genç yaradılışlı, kolay yaşlanmayan, çabuk çökmeyen.

Özgener: Yaradılıştan sakin, rahat olan.

Özgiray: Giray soyundan. Kudretli, güçlü, yiğit soydan gelen kimse.

Özgü: Özel, herhangi bir kimse ve nesneye ait olan.

Özgüç: Gerçek güç, hakiki kuvvet, ana kuvvet.

Özgül: Karakteristik, nevi, cins, tür.

Özgüler: Soyu, cinsi, yiğit mert olan.

Özgün: Yaradılıştan asli, aslı bozulmamış.

Özgüner: Yaradılıştan erkek, mert, yiğit.

Özgür: Serbest, bağımsız, hür.

Özgürcan: Hürriyetine sahip cana yakın kişi.

Özgürel: Özgür olan, serbest davranan.

Özgüven: Kendisine itimadı tam olan.

Özgürtürk: Hür, bağımsız Türk.

Özhakan: Hakan soyundan gelen. Hakan soyuna mensup.

Özhan: Han soyundan gelen. Gönlü yardımseverlik duygusuyla dolu soylu.

Özilter: Kalbi vatan ve barış sevgisiyle dolu.

Özkal: Saf, temiz kal, soyuna layık olarak yaşa.

Özkan: Saf, temiz, asil kan.

Özkent: Kişinin gerçek vatanı, geçmişlerinin yaşadığı yer.

Özkerman: Kale gibi sağlam karakterli.

Özkınay: Doğuştan, yaratılıştan iyi huylu.

Özkök: Ana kaynak, temel, esas, soy ağacı.

Özkul: Allah'a gereği gibi kulluk eden, yaradılıştan mü'min.

Özkut: Yaradılıştan kutsal, mübarek, kıymetli.

Özkutay: Yaradılıştan kutsal ve ışıklı.

Özkutlu: Yaradılıştan kutsal, mübarek, şerefli, değerli olan.

Özkutsal: Yaradılıştan mübarek, şerefli, değerli olan.

Özmen: Özü sağlam, şahsiyetli kişilik, yaradılıştan iyi olan.

Özmert: Yaradılıştan özü sözü bir.

Özmut: Yaradılıştan mutlu olan.

Öznur: Asıl ışık, gerçek ışık.

Özok: Yaradılıştan ok gibi doğru ve hızlı.

Özol: Riyakar olma, özün sözün bir ve doğru olsun.

Özozan: Yaradılıştan şair, gerçek ozan.

Özpala: Yaradılıştan pala gibi keskin ve sert kimse.

Özpeker: Yaradılıştan sert sağlam, güçlü olan.

Özpınar: Suyu kesilmeyen, azalmayan gerçek pınar.

Ozpolat: Çelik gibi sert ve sağlam olan.

Özpulat: Çelik gibi sert ve sağlam olan.

Özsan: Adı duyulmuş, şöhretli, ünlü kimse.

Özsungur: Yaradalıştan soğukkanlı, sakin. Akdoğan'a benzeyen kimse.

Özsüer: Yaradılıştan asker, yiğit ve cesur.

Özşan: Şanlı, şöhretli, ünlü, tanınmış.

Özşen: Yaradılıştan şen, neşeli.

Öztan: Gerçek aydınlık, karanlığı aydınlatan, ışık.

Öztanır: Tanıyan, gerçeği bilen, iyiyi kötüyü ayırabilen.

Öztaş: Yaradılışı taş gibi sert ve sağlam olan.

Öztay: Birşeyin gerçek dengi. Cins at yavrusu.

Öztek: Ender. Benzerlerinden üstün.

Öztekin: Yaradılıştan güvenli şehzade.

Öztimur: Demir gibi sağlam, dayanıklı.

Öztin: Maddi ve manevi yapısı sağlam.

Öztinel: Sağlam, manevi yönü kuvvetli kimse.

Öztoygar: Yaradılıştan çayır kuşu gibi hassas, narin olan.

Öztuna: Görkemli, zengin özlü.

Öztunç: Tunç gibi sağlam, kuvvetli olan.

Öztürk: Gerçek, hakiki Türk.

Özüak: Temiz yaradılışı, saf, pak kimse.

Özüm: Kardeş gibi sevilen.

Özüpek: Manevi yönü güçlü.

Özürgen: Herşeyi seçen.

Özver: Cömert, eli açık kişi.

Özveren. Fedakar, cömert.

Özyurt: Ana yurt, ana vatan.

Özyürek: Korkusuz, cesur, güçlü.

Ö

Kız Adları

Ödül: Yarışmalarda verilmek üzere ortaya konulan mükafat.
Ödün: Hakkından karşı taraf lehine vazgeçme.
Öğün: Bir yiyimlik yemek. Kere, defa. Methetme.
Öğüş: Övülmeye, methedilmeye layık.
Öğüt: Nasihat, doğru yola getirmek için söylenen sözler.
Öke: Dahi, bilgin.
Ömür: Yaşam süresi. Dirilik, canlılık.
Önay: İlk doğan ay yüzlü. Ayın ilk günlerinde doğan.
Önaydın: Önde giden aydın insan, bilgili kişi.
Öncel: Önce davrananlar. Öncekiler. Önce yaşamış olanlar.
Önel: Erken davranan. İşi erken yapan. Bir iş için verilen zaman, süre.
Önen: Hukuk, adalet.
Öngay: Jüpiter gezegeni.

Öngül: Kılavuzluk, rehberlik. Bir işte öncülük etmek.

Öney: Önde giden.

Öniz: İlk iz.

Önnur: İlk görünen ışık, ilk nur.

Önsel: Selin önü, öncelikli. Yağmur yağınca selin geldiği an.

Önür: Önde giden, ileriye, öne geçen, kendinden önceki.

Övünç: Övünülecek şey. Övünme sebebi. Kıvanç, iftihar.

Övül: Hayat boyu övül. Seni övsünler.

Öyük: Aşk ve sevgi coşkusu.

Özak: Özü beyaz, ak lekesiz, ışıklı.

Özakay: Özü temiz, yaradılışı üstün.

Özaltın: Altın gibi kalbli.

Özar: Saf ve temiz namus.

Özay: Temiz yürekli ay yüzlü. Apaydınlık yüzlü.

Özbal: Saf, katışıksız bal. Bal gibi sevimli, tatlı.

Özbaşak: Altın kalbli.

Özbeken: Özü, içi korunmuş. Kalbi, gönlü temiz.

Özben: Öz benlik, manevi varlık, kişilik.

Özbilge: Herşeyin iç yüzünü bilen, gerçeğe egemen.

Özcan: Özü, gönlü canlı. Hayatın manevi yönüne önem veren.

Özde: Birbirinin tamamiyle aynı olan.

Özdem: Tam zamanı, kıvam. Gerçek.

Özden: İçten, gönülden, kalbten, yürekten. Samimi. Soyu temiz.

Özenay: Dikkatli, özenli ay yüzlü. Bulutsuz ay.

Özengin: Dikkat eden. Özleyen. Hoşgörüsü sonsuz.

Özengül: Özenli, tertipli ve güler yüzlü.

Özge: Başka, eşsiz, görüldüğünden farklı.

Özgecan: Farklı, eşsiz sevgili. Cana yakın.

Özgen: Güzelliği ile fark edilen.

Özgönül: Gönülden, yürekten temiz. Kalbi temiz.

Özgül: Gönlün gülü. Gönülden, içten gülen. Hassas.

Özgülal: Gönül al, gönül gülünü al. Al yanaklı güzel.

Özgülay: İçi, gönlü gülen ay yüzlü. Kutsal ay.

Özgüleç: İçten, özden neşeli. Hep güleryüzlü.

Özgüler: Gönülden, içten gülen. Bahtı gülmüş.

Özgülüm: Gönlümün gülü. Yüzü gibi gönlü de gülen.

Özin: Özlü, düzenli, soylu.

Özipek: Saf ipek, ipek gibi yumuşak renkli.

Özlem: Görme, kavuşma isteği, hasret. Yükselme isteği.

Özlen: Kendini özlet, sana hasret duysunlar.

Öznur: Öz ışık. Özü, yüreği aydınlık, ışık dolu. Saf ve parlak ışık, uğurlu.

Özperi: İçi temiz, yüzü peri gibi güzel.

Özsu: Hayat veren su.

Özüm: Kardeş kadar yakın.

Özün: Düzen.

Özürgen: Herşeyi seçen.

P

Erkek Adları

Paçan: Saçan, savurup dağıtan.

Padaş: Yol arkadaşı. Mükafat.

Padişah: Büyük hükümdar. Zararı def eden.

Paha: Tutar, değer, bir malın fiyatı.

Pakalın: Dürüst kimseler.

Pakan: Temiz, yüce kişiler.

Paklan: Temizlen. Evliya, erenler.

Pakel: Temiz, saf el. Kutsal toprak.

Paker: Temiz, dürüst kimse.

Pakman: Temiz, saf, lekesiz insan. Mazisi temiz kişi.

Paksan: Temiz bir adı olan. Tertemiz üne sahip.

Paksoy: Temiz soydan gelen.

Paksu: Katışıksız su gibi temiz, saf.

Pala: Yassı kılıç. Kayık küreği.

Palay: Yedek at.

Parıltı: Parlaklık, parıldama, ışığı yansıtma, cila.

Pars: Kaplan türünden yırtıcı bir hayvan.

Parsbay: Pars gibi çevik, yırtıcı zengin.

Parshan: Pars gibi çevik ve güçlü han.

Parskan: Pars gibi çevik ve güçlü kan taşıyan.

Paşa: Yüksek rütbeli asker. Ağırbaşlı, uslu.

Payzen: Çiftçi. Esir, prangalı mahkum.

Pedük: Ulu, yüksek, yüce.

Pehlev: Şehir, belde. Yiğit, kahraman.

Pehlivan: Güreşçi, güçlü kuvvetli, sağlam yapılı kimse.

Pekal: Kıpkırmızı.

Pekalp: Çok yiğit, çok güçlü kahraman.

Pekcan: Sağlam, güvenilir, arkadaş. Çok cana yakın.

Pekdemir: Demir gibi sert ve sağlam.

Pekel: Sert el. Hızlı, sağlam ve güçlü.

Pekergin: Olgun kimse.

Peker: Sert ve sağlam kişilik sahibi yiğit.

Pekhan: Sert, sağlam, güçlü ve yenilmez han.

Pekkan: Saf, güçlü, asil ve temiz kan.

Pekkoç: Sağlam, güçlü koç.

Pektaş: Güçlü, sert taş.

Pektürk: Sağlam, güçlü Türk.

Pekün: Ünlü, tanınmış, ünü çok bü yük kimse.

Perdah: Budanmış asmadan yeni süren çubuk. Parlak, parlama.

Perinçek: Fedakar, sadık.

Perker: Güçlü kimse.

Perkin: Kuvvetli, güçlü kimse.

Pertav: Uzağa düşen ok, sıçrama atılma.

Pertev: Işık, parlaklık. Atılma, sıçrama.

Perva: Korku, çekingenlik. Bağ, ilgi.

Pervane: Işığın etarfında uçan küçük kelebekler.

Pervaz: Uçmak, kanat açmak.

Perver: Besleyen.

Perviz: Üstün, galip.

Pesavend: Kafiye.

Pestsada: Alçak ses. Hafif ses.

Peşrev: Pehlivan gösterisi. Önde giden. Müzikte bir usul.

Peyam: Haber, havadis.

Peyami: Haberle, bilgi ile ilgili. Haber, bilgi toplayıcı.

Peykan: Başak. Temren. Okun ucundaki sivri demir veya kemik.

Peyman: And, yemin.

Peyrev: Ardı sıra giden, takip eden, izini süren.

Pezir:	Kabul eden, söz dinleyen, emir tutan.
Piruz:	Uğurlu, kutlu, hayırlı.
Polat:	Çelik.
Polathan:	Çelik han.
Polatkan:	Çelik gibi sağlam ve soylu kan.
Pozan:	Üzüm bağı.
Pürdil:	Cesur, korkusuz, yürekli.
Püser:	Oğul, erkek çocuk.

P

Kız Adları

Paçile: Karda yürüyüp yol açmak.

Padgane: Pakize: Temiz, pak, lekesiz.

Palmiye: Dalsız, saçak yapraklı çok çeşidi olan süs ağacı. Hurma, Hindistan cevizi ağaçlarını içine alır.

Palvane: Dağ kırlangıcı.

Pamuk: Sıcak bölgelerde yetişen ve beyaz tüycüklerinden iplik yapılan, döşek, yorgan, minder, yastık doldurmakta yararlanılan, tekstil sanayiinin hammaddesi olan bitki.

Papatya: İlkbaharda açılan, kenarları beyaz, ortası sarı kır bitkisi.

Parla: Parılda, ışık saç.

Parlak: Parlayan, ışıldayan. İşlerinde başarılı. Temiz.

Parlanur: Nur gibi parlayan.

Parlar: Parıldar, pırıl pırıl ışık saçak.

Parule: Şakacı. Hayırsız, işe yaramaz kişi.

Paşende: Saçan, dağıtan, saçıcı, dağıtıcı.

Payende: Destek, destek veren. Sebat eden.

Payidar: Kalıcı, sabit, devamlı, yerleşmiş.

Pedme: Nasip, kısmet, pay, hisse.

Pejuhide: Çok akıllı, olgun, bilgili.

Pekay: Sağlam, kavi ay gibi ışıklı.

Pekkan: Sağlam kanlı, temiz ve asil soydan gelen.

Pekşen: Pek şen, sevinçli, şakrak, güleryüzlü.

Pelin: Çok acı ve keskin kokulu bitki. İlaç yapılan ot.

Pelit: Meşe ağacı.

Pembe: Beyaz karıştırılmış, açık kırmızı.

Pembegül: Pembe renkli gül.

Peren: Ülker yıldızı.

Peri: Cinlerin en güzel kızı.

Perican: Peri gibi güzel, cana yakın.

Peride: Uçmuş, yükselmiş. Solmuş, rengi atmış.

Perihan: Perilerin başı, güzeller güzeli.

Perim: Benim güzel kızım.

Periru: Peri yüzlü.

Perizat: Peri kızı. Periler gibi güzel.

Perize: Kızıl altın.

Perran: Uçan, uçucu.

Perrin: Nazlı.

Pervane: Işığın etarfında uçan küçük kelebek.

Perverde: Terbiye görmüş, yetiştirilmiş, beselnmiş.

Pervin: Ülker yıldızı.

Pesadet: Veresiye, alış-veriş.

Petek: Kovanda göz göz mum tekerleği. Minarinin şerefe ile külahı arasındaki kısmı. Kerpiçten yapılan, dikine duran sandık şeklinde ekin ambarı.

Peyam: Malumat, bilgi, haber.

Peyda: Belli, açık, meydanda, aşikar.

Peyk: Başkasına tabi olarak hareket eden. Haber götürüp getiren. Bir şeyin çekici gücüne kapılıp çevresinde dönen.

Peyke: Duvara bitişik tahta sedir.

Peyker: Yüz, çehre, görkem, güzellik.

Peyma: Ölçen, hesap eden.

Peyman: Yemin, and.

Peymane: Büyük kadeh, şarap bardağı.

Peyrev: Ardından giden, takip eden, izleyen.

Pınar: Su kaynağı, göze, çeşme. İyilik kaynağı.

Pırıl: Işıl, parıltı, parlaklık.

Pırıltı: Işığın geçişi, parıldayan şeyin yansıttığı ışık.

Pırlanta: Yuvarlakça, parlak, kıymetli elmas.

Piraye: Takı, zinet. Süs için takılan veya giyilen.

Piruze: Mavi renkle çok değerli süs taşı.

Piyael: Şarap bardağı, kadeh.

Platin: Beyaz renkli değerli maden.

Pürçin: Çok düşünceli, öfkesi kabarmış.

Püren: Çalılı. Otlak. Ağaçların esas yaprağına pek benzemeyen ince, uzun yaprak. Küçük yapraklı, sarı kırmızı çiçekli bir ot cinsi. Süpürge otu.

Pürfer: Aydınlığı ve ışığı bol olan yer.

R

Erkek Adları

Rabat: Orta boylu kimse. Attar dağarcığı.

Rabbani: Kendini tüm varlığıyla Allah'a teslim eden.

Rabıt: Nefsini dünyadan ay ırıp ahirete bağlamış olan.

Rabi: Dördüncü.

Rabih: Yararlı, kazançlı.

Rabit: Bağlı, bağlanmış, merbut.

Raca: İkinci derecede kral, büyük krala tabi hükümdar.

Raci: Rica eden, yalvaran.

Racih: Üstün, değerli. Tercih edilen.

Racil: Yaya olarak, yürüyerek.

Rad: Gök gürültüsü. Cömert, eli açık, üstün. Engel olmak. Kına.

Radi: Boyun eğen, rıza gösteren, kabul eden.

Rafeddin: İslam dininin vermiş olduğu acıma, esirgeme duygusu.

Rafet: Esirgeme. Merhamet eden, acıyan.

Rafi: Kaldıran, yükselten.

Rafih: Rahat ve huzurlu yaşayan.

Ragıp: Rağbet eden, isteyen, istekli.

Ragım: Galebe çalan, galip olan.

Rahdan: Yol bilen.

Rahi: Huzurlu, rahat eden.

Rahil: Göç eden, göçen. Ölen, rıhlet eden. Koyunun dişi kuzusu.

Rahim: Merhametli, esirgeyen, acıyan.

Rahman: Yaratıklara nimet veren Allah, hayır ve rahmet dileyen.

Rahmani: Allah'tan gelen, Allah'a özgü.

Rahmet: Esirgeme, merhamet, acıma.

Rahmeti: Rahmetle ilgili.

Rahmetullah: Allah'ın rahmeti.

Rahmi: Merhametli. Koruyan, acıyan, esirgeyen.

Raid: Gürleyen, gürüldeyen. El değirmeni. Konaklayacak yer bulan.

Raif: Merhametli, esirgeyen, acıyan. Önde giden.

Raig: Saf, halis, sade, katışıksız, temiz.

Rakım: Rakam yazan, çizen. Yükseklik.

Raki: Rüku eden, düzenli olarak namazını kılan.

Rakib: Varlıkları kontrol eden, rekabet eden gözeten.

Rakiben: Binmiş olarak, binerek.

Rakid: Durgun, hareketsiz, yavaş.

Ramazan: Çok ısıtmak, çok sıcak olmak, yanmak. Oruç tutulan ay.

Rami: Mermi atan, atıcı.

Ramih: Süngü batıran, mızrak saplayan.

Ramis: Gerçekleri gizleyip saklayan.

Ramiz: İşaretleyen, remizle, işaretle konuşan.

Rasi: Kımıldamayan, çapa atmış gemi.

Rasif: Temel taş, denizin üzerine çıkmış taş.

Rasih: Temeli sağlam.

Rasim: Resim yapan, çizgi çizen. Gelenekler, töre ve merasimler. Akarsu.

Rasin: Sağlam, dayanıklı, güçlü.

Raşit: Doğru yolda yürüyen, düzenli, hikmeti. Akıllı, ergin, olgun.

Raşidbillah: Allah'ın hak yolundan giden. Doğru yolda olan.

Raşideddin: Dinde olgun olan. Dinin akıllı kişisi.

Raşin: Tufeyli, davetsiz ziyafetlere giden.

Ratip: Tertipleyen, düzenleyen, sıraya koyan.

Rauf: Pek esirgeyen, çok merhamet eden.

Ravend: Sapları ve köklerinden ilaç olan bitki.

Rayet: Bayrak, alem, liva, sancak. Gerdanlık.

Rayıhan: Han sancağı, han bayrağı.

Razi: Rıza gösteren, kabul eden. Memnun.

Raziz: Dökülmüş, parçalanmış.

Rebah: Fayda, menfaat. Kediye benzer bir yırtıcı hayvan.

Rebii: İlkbahar, bahar, bolluk. İlkbahara ait.

Rebib: Üvey oğul.

Rebis: Bahadır, kahraman. Meşakkat.

Reca: Geri gelme, dönüş, öldükten sonra diriliş. Emel, ümit, istek, dilek.

Recai: Rica eden, umut eden, dileyen, dua eden.

Recep: Heybetli, gösterişli, azametli.

Redif: Arkadan gelen birisinin arkasından giden, ihtiyat askeri. Şiirde beyit sonunda kafiyeden sonra tekrarlanan hece veya kelime.

Refah: Bolluk, rahatlık, sıkıntısız, dertsiz olma.

Refahiddin: Dinin bolluğu, rahatlığı.

Refet: Acıma, esirgeme.

Refi: Yüksek, yükselten, yüce.

Refih: Varlık içinde, rahat yaşayan.

Refik: Arkadaş, yoldaş.

Refiüddin: Dinin yüce kişisi, önderi.

Refiz: Atılmış, bırakılmış, terk edilmiş.

Refref: Dalları salkın olan ağaç, kuşu çok olan çimenlik. Cennet.

Reha: Kurtuluş.

Regaib: Rağbet edilen, beğenilen. Armağanlar.

Rehamet: Sözün, sesin ince ve yavaş olması.

Rehavi: Türk müziğinin en eski birleşik makamı.

Rehayi: Bir zorluk veya tehlikeden kurtulma.

Rehber: Önder, kılavuz, yol gösteren.

Reis: Başkan, önder.

Rekaik:. İnce ve nazik olann şeyler.

Rekin: Yüce, yüksek, ali, ağırbaşlı, Vakarlı, ciddi.

Rekiz: Sağlam, gizli, gömülü define.

Rekme: Toplanmış, cem olmuş. Yön, canip. Parça, cüz.

Remiz: Alamet, işaret.

Remmah: Mızrakçı, süngücü.

Remzi: İşaretli. İşaretle remiz ve sembolle anlatan.

Resai: Süsler, süs. Akıl, anlayış, kavrayış.

Resat: Yakışır, layık, değer.

Resul: Elçi, haberci, Allah'ın elçisi.

Resulhan: Hükümdarın elçisi.

Reşad: Doğru yolda, hak yolda y ürüme. Doğru yolu bulma, yürüme.

Reşit: Bkz. Raşid.

Reşidettin: Dinin olgun, akıllı kişisi.

Reva: Yerinde, uygun, münasip.

Revah: Sevinilecek bir şeyi elde etmeden doğan neşe, öğleden akşama kadar olan vakit.

Revahi: Bal arıları.

Revaid: Gürleyen. Bulut, bulutlar.

Revakid: Durgun olanlar.

Revan: Yürüyen, giden, akan. Ruh, can. Gidici, akıcı.

Revani: Revaçta olan. Kıymetli, değerli, rağbetli. Bir çeşit tatlı.

Revha: Gönül rahatlığı.

Rezan: Olgun, ağırbaşlı, onurlu.

Rezaz: Zayıf yağyan yağmur.

Rezzak: Rızık veren.

Rıdvan: Razı olma, memnun olma. Cennetin kapısındaki melek.

Rıfat: Yükseklik, manevi yücelik, rütbece büyüklük.

Rıfkı: Yumuşak, nazik.

Rıza: Razı olan, uzlaşan. İstek, dilek, hoşnutluk, memnunluk.

Rızkullah: Allah'ın verdiği rızık.

Rif'at: Yükseklik, yüksek ve büyük rütbe sahibi olmak. Manevi mertebesi yüksek.

Rikab: Üzengi, hükümdar eşiği büyüklerin önü huzuru.

Risman: İp, halat.

Riştab: Kıvırcık asç ve sakal.

Riyaz: Ravzalar, bahçeler, ağaçlık, çimenlik yerler.

Rubban: Kaptan.

Rudbar: Irmak, büyük ırmak.

Ruhani: Dinle ahiretle ilgili, ruhla ilgili. Din adamı.

Ruhcan: İnsanda canlı, diri kalmayı sağlayan cevher.

Ruhi: Ruhla ilgili. Yüksek ruhlu.

Ruhiddin: Dinin ruhu, özü.

Ruhşan: Şanlı, şöhretli, asil ruhlu.

Ruşen: Aydın, parlak, nurlu, ışıklı. Belirgin.

Ruşeni: Işıkla, aydınlıkla ilgili. Bir tarikatın adı.

Ruzban: Kapıcı.

Rücum: Akan yıldız, göktaşı.

Rüçhan: Üstünlük. Öncelik sahibi.

Rüknettin: Dinin temel direği.

Rükni: Saygı duyulan önemli kişi, bir şeyin en asğlam yanı.

Rüstem: Yiğit, cesur, kahraman.

Rüsuhi: Güçlü, becerikli.

Rüştü: Ergin, olgun, doğru yolda giden.

Rüyet: görme, bakma, gözleme, isabetli düşünme.

Rüzaz: Ufalanmış taş, her maddenin ufağı.

Rüzgar: Yel.

R

Kız Adları

Rabıta: Usul, tertip, düzen. Bağlık, mensup olma, bağ.

Rabia: Dördüncü doğan kız çocuğuna verilen ad.

Racife: Surun kıyamette bütün canlıları öldürecek olan ilk üflenişi.

Raciha: Tercihli, daha önce, diğerlerinden üstün.

Raciye: Umutlu, yalvaran, rica eden.

Raciye: Rica eden, yalvaran.

Radafe: Kızdırılmış, sıcak taş.

Radife: Kıyamet günü üfürüldüğünde, ölüleri diriltecek olan ikinci sur.

Radiye: Kabul eden, boyun eğen, rıza gösteren.

Rafiye: Yüce, kaldıran, yükselten.

Rafidan: Dicle ve Fırat ırmakları.

Rafide: Binanın direği.

Ragame: Toprak.

Ragıba: Rağbet gösteren, candan talep eden, özleyen. İstenilen, beğenilen.

Rağbet: Arzu, istekle karşılama.

Rağibe: Rağbet eden, isteyen, arzulayan.

Rahe: El ayası, avuç içi.

Rahil: Göç eden, göçen. Ahirete giden, ölen.

Rahile: Sakin, rahat. Göç eden.

Rahime: Esirgeyen, acıyan, merhametli.

Rahiye: Bal arısı.

Rahmiye: Acıma. Merhamet eden, esirgeyen, koruyan. Şefkatli.

Rahşan: Parlak, parıltılı, aydın.

Raide: Gürleyen bulut.

Raife: Merhametli, esirgeyen.

Raika: Sade, saf, halis.

Rakibe: Rekabet eden. Binen, binici. Emsallerinden üstün olmaya çalışan. Gözleyen. Herşeyi kontrolü altında bulunduran.

Rakiben: Binmiş olarak, binerek, herhangi bir nakil vasıtasına binen.

Rakide: Durgun, yavaş, hareketsiz.

Rakika: Yufka yürekli, köle ve cariye.

Rakıme: Yüksek.

Rakibe: Rakip hanım.

Ramiye: Mermi atan, atıcı.

Ramize: İşaret eden, ima eden.

Rana: Güzel, hoş, ince.

Rasafet: Dayanıklılık, sağlamlık.

Rasiha: Çok bilgili. Sağlam temelli.

Rasife: Rıhtım. Su içinde yapılan set.

Rasiha: Temeli kuvvetli ve sağlam bilgisi geniş olan.

Rasime. Resim yapan, çizen. Gelenek.

Rasiye: Büyük dağ.

Rasti: Doğruluk, gerçeklik.

Raşan: Titreme, titreyiş.

Raşide: Doğru yolu tutan, hak dini seçen. Olgun.

Raşih: Yürüyebilen geyik yavrusu.

Ratibe: Sabit, hareketsiz. Sıralayan, düzenleyen. Tertip eden.

Raufe: Esirgeyen, acıyan.

Ravza: Ağaçlı ve çiçekli bahçe, cennet.

Rayet: Sancak, bayrak.

Rayiha: Güzel koku, ıtır.

Rayihadar: Hoş kokulu.

Raziye: Rıza gösteren, gönül hoşluğu veren. İnanmış.

Razze: Ezen, ezici.

Rebabe: Birbirinin üstüne binmiş beyaz bulutlar.

Rebaze: Zeki, anlayışlı, zarif kimse.

Rebia: İlkbaharda gelen. İlkbaharda doğan.

Recefe: Zelzele, yer sarısntısı, yer titremesi.

Refahat: Gürlük, bolluk.

Refakat: Yoldaşlık, arkadaşlık.

Refhan: Varlık içinde yaşayan.

Refia: Yüksek, yüce.

Refiha: Refaha ermiş olan.

Refigül: Yüksek, değerli gül.

Refika: Kız ve kadınların arkadaşı, dostu, ortağı.

Rehaset: Tazelik, yumuşaklık.

Rehamet: Sesin yavaş, ince ve tatlı olması.

Rehaset: Ucuzluk, tazelik, yumuşaklık.

Rekanet: Ağırbaşlılık.

Rekine: Gururlu, yüce, ağırbaşlı.

Rekme: Cem olmuş, toplanmış. Parça, cüz.

Remide: Ürkek, çekingen.

Remziye: Bir maksadı anlatan işaret, sembol.

Rengidil: Gönül rengi, renkli, neşeli gönül sahibi.

Rengin: Renkli, parlak, güzel, süslü.

Renginar: Nar renginde olan.

Renne: Avaz, ses, seda.

Rengül: Renkli gül.

Resan: Erişenler, yetişenler, ulaşanlar.

Resane: Özlem, hasret. Erişme, kavuşma isteği.

Resanet: Dayanıklılık, sağlamlık, metanet.

Reside: Yetişmiş, erişmiş.

Resmigül: Gül gibi güzel, gül biçiminde.

Reşahat: Reşhalar, sızıntılar, serpintiler.

Reşide: Doğru yolda olan, hak yoda giden. Ergin, olgun.

Revaha: Güneş battıktan sonra geceye kadar olan zaman, akşam vakti.

Revnak: Süs, tazelik, parlaklık, güzellik.

Reyan: Her şeyin taze hali, ilki.

Reyhan: Fesleğene benzer güzel kokulu bitki.

Reyya: Güzel koku.

Reyyan: Suya kanmış, doymuş.

Rezban: Bağ bekçisi, bağcı.

Rezzan: Ağırbaşlı, temkinli.

Rıfkiye: Tatlı, yumuşak huylu, yavaş.

Riayet: Ağırlama. Takip etme. Saygı, itibar, uyma.

Ribabe: Ahd, söz, yemin, misak.

Rifade: Yara üstüne sarılan bez. Ziyafet, şölen.

Rikkat: Nezaket, incelik.

Rindan: Kalenderler, dünya işini boş görenler.

Risale: Bir ilme ait yazılmış küçük kitap, mecmua, mektup.

Riaset: Reislik, baş olma, başlık.

Riyazet: Kanaatle yaşanma, rahatından sakınma. Dünya zevklerinden uzaklaşma.

Ruhan: Güzel kokulu.

Ruhas: İzinler, ruhsatlar, müsaadeler.

Ruhfeza: Yükselen ruh, yüksek ruh.

Ruhinur: Nurlu, aydınlık yüz.

Ruhişen: Şen, neşeli, canlı kimse.

Ruhiye: Ruhla ilgili.

Ruhlet: Göçüp giden kimseler.

Ruhsade: Yüzüne sürmüş, yanağını ve yüzünü sürmüş.

Ruhsar: İzin, müsaade.

Ruhşen: Yaradılıştan şen, neşeli.

Ruhul: Binmek için kullanılan deve.

Ruhunur: Nurlu, kutlu bir ruhu olan. Ruhundaki nuru çevresine saçan.

Rukiye: Büyüleyici güzel, sihir.

Ruya: Yerden biten bitki.

Rübde: Siyaha yakın boz renk.

Rübude: Kapılan, kapılmış.

Rükunet: Ağırbaşlılık.

Rümeysa: Hoş, nazik, ince. Takım yıldızının en parlak yıldızının adı.

Rüşdiye: Ergin, olgun, ermiş, doğru yolda.

Rüveyde: İnce, nazik, hoş.

Rüveyha: İncelik, zariflik.

Rüvide: İncelik, zariflik.

Rüya: Uykuda görülen düş.

Rüyun: Galebe etmek, üstün gelmek.

S

Erkek Adları

Saba: Doğudan esen rüzgar. Müzikte bir makam.

Sabah: Gündüzün ilk saatleri.

Sabahattin: Dinin güzelliği.

Sabbar: Çok sabırlı.

Sabih: Güzel, şirin.

Sabir: Sabreden, tahammül eden. Yağmursuz beyaz bulut.

Sabit: Yerinde duran, doğruluğu belirlenmiş, kesin, kuşkusuz.

Sabri: Sabırlı.

Sabur: Çok sabırlı. Sabrının sonu olmayan. Allah'ın sıfatlarındandır.

Saci: Secili konuşan, kafiyeli konuşan. Sözleri kafiyeli.

Sacit: Secde eden, Allah'a kulluk yapan.

Sacim: Akıcı, akan.

Saçak: Dağınık bulunan şey. Binanın dışarı çıkıntılı çatısı. Kenar süslemesi, püsküllü, salkımlı süs.

Sa'd: Yüz sayısı. Uğur getiren, iyilik, kutluluk, güçlülük, kuvvetlilik.

Sadak: Ok torbası.

Sadakat: İçten bağlılık, doğruluk, vefalılık.

Sadettin: Dinin mutlu, uğurlu kişisi.

Sadeyn: Venüs ve Jüpiter yıldızları. İki uğurlular.

Sadıh: Kavi, sağlam, kuvvetli.

Sadık: İçten bağlı, doğru, hakikatli, vefalı dost.

Sadır: Meydana gelen. Südür eden.

Sadi: Saadetli, talihli, uğurlu.

Sadir: Hayret eden.

Sadr: Göğüs, sine, ön, üst, baş, yüksek, yüce, başkan.

Sadrettin: Dinin önderi, başı. Göğüs.

Sadri: Göğüsle ilgili.

Saduk: Çok sadık, çok samimi, içten bağlı.

Sadullah: Allah'ın saadetli, mutlu, kişisi.

Sadun: Uğur getiren.

Sefa: Duru, berrak, endişesiz ve huzurlu olma. Hac sırasıda hacılar bu tepe ile Merve tepesi arasında sa'y ederler.

Saffet: Saflık, temizlik, halislik, paklık.

Safi: Katışıksız, saf.

Safir: Mavi renkli, gök yakut denilen değerli taş.

Safiyullah: Allah'ın temiz kıldığı kişi, saf, arı kimse.

Safter: Düşman saflarını bozan yiğit.

Safvan: Saf, halis, temiz.

Safvet: Saflık, temizlik, halislik, paklık.

Sağanalp: Çok hızlı hareket eden, el çabuk, cesur, yiğit.

Sağbilge: Sağlık konusunda bilge olan, doktor, hekim.

Sağdıç: Damada kılavuzluk eden arkadaşı, sünnet olan çocuğu tutan kimse, sadık, samimi, vefakar arkadaş. Dost.

Sağım: Sağmak, bir defada alınan süt.

Sağman: Eksiksiz, kusursuz, güvenilir kimse, sağlıklı kimse.

Sahanet: Kızıgınlık, sıcaklık.

Sahavet: El açıklığı, cömertlik.

Sahhaf: Eski kitap alan ve satan kimse.

Sahip: Mülkiyet hakkını elinde bulunduran.

Sahre: Kaya.

Sahretullah: Hz. Peygamber'in (s.a.v.) Mirac gecesinde gökyüzüne çıktığı kaya.

Sahir: Seherde uyumayan, geceleri ibadet eden. Sihir, büyü yapan.

Sahur: Dünyanın aya düşen, ay tutulmasını meydana getren gölgesi. Oruç tutanların sabaha karşı yemek yemeleri.

Saip: Yanlışlık yapmayan, doğru hedefe ulaşan.

Sait: Allah'ın sevdiği, beğendiği ve yükselttiği. Mutlu, uğurlu, ahiretini hazırlamış kimse.

Saik: Dürten, sevkeden, sürükleyen, götüren. Kırağı, çiy.

Saim: Oruç tutan, oruçlu.

Sair: Yürüyen, hareket eden, seyreden.

Sakıp: Delen, delip geçen. Çok parlak.

Sakif: Nüfuz eden, sözünü geçiren.

Sakin: Uslu, hareketsiz, kendi halinde.

Sakman: Sessiz, akıllı, uyanık kimse.

Salabet: Manevi kuvvet, dayanma, sağlamlık.

Salah: İyileşme, düzelme, rahatlama, barış.

Salahuddin: Dine bağlı, dini bütün.

Salaman: Yakışıklı.

Salat: Namaz.

Salcan: Uzun boylu.

Saldam: Ağırbaşlılık, ciddiyet.

Salif: Önceden geçmiş, mukaddim.

Salih: Din için elverişli, uygun. Yetkili, hak sahibi.

Salim: Sağ, sağlam, eksiksiz, korunmuş.

Salman: Serbest, özgür.

Saltuk: Saltuklular beyliğini kuran Türk Beyi, Emir Saltuk.

Sam: Gökkuşağı. Ateş. Hz. Nuh'un oğlunun adıdır.

Samet: Pek yüksek, yüce, ulu. Kimseye ihtiyacı olmayan.

Sami: Yüksek, yüce. İşiten, dinleyen.

Samih: Cömert, eli açık.

Samim: İç, öz, asıl.

Samin: Sekizinci. Sekizinci doğan erkek çocuğa konan ad.

Samir: Gece toplantısı, yemişli meyve ağaç.

Samsa: Baklava şeklinde hamur tatlısı.

Sanahat: Çok düşünmeden doğan fikirler, akla gelen şeyler.

Sanalp: Adı yiğit, kahraman, cesur olan.

Sanat: Hüner, ustalık, marifet.

Sanay: Sanmak, zannetmek. Lakabı aydan, ay olarak tanınan.

Sanbay: Ünü kimse.

Sanberk: Gücüyle ün yapmış, tanınmış.

Sancak: Büyük bayrak, yazı işlemeli saçaklı bay rak, tuğ, alem. Geminin asğı.

Sancaktar: Sancak taşıyan kimse.

Sancar: Kama, yahut kargı saplayan. Kısa kama.

Sançar: Sancar, batırılmak işini yapar, dürter, saplar.

Saner: Ünlü, tanınmış kimse.

Sanevi: İkinci.

Sani: Yapıcı, yapan, işleyen, çalışan, meydana getiren, oluşturan. İkinci.

Sanih: Zihin ve düşüncede oluşup çıkan, içe doğan fikir.

Sanver: Nam ver, isim yap.

Sarahat: Açılık, yazı ve konuşmada açıklık.

Saramet: Yiğitlik.

Sarban: Deve sürücüsü, deveci.

Sardah: Düz yer, sahra, çöl.

Sarduç: Bülbül.

Sargan: Candan, yürekten sarılan. Ateşli. Bir ot.

Sargın: İstek, heves, yürekten,i çten, candan.

Sargut: Bağış, ihsan, ödül.

Sarıalp: Sarışın yiğit ve kahraman.

Sarif: Harcayan, sarfeden.

Sarih: Besbelli, apaçık. Açık kalbli.

Sarihan: Açık ve belirli olarak, meydanda, aşikar olarak.

Sarim: Kesici Keskin. Kesilip döğülmemiş ekin, biçilmiş ekin. Sap.

Sarir: Cızırtı, gıcırtı.

Sarkan: Kovan. Sarp Çok dik, üstüne çıkılması, yürünmesi zor, çetin, güç.

Sarper: Güçlü, sert erkek.

Sarphan: Güçlü, sert hükümdar.

Sarpkan: Güçlü, sert soydan gelen.

Sarpın: Ekin ambarı. Ekmek hamuru taşımakta kullanılan oluklu tahta.

Sartık: Azad edilmiş, salınmış.

Saru: Sarı, sarı renkli.

Saruhan: Alpaslan'ın komutanı Saruhanoğulları beyliğinin kurucusu.

Sarvan: Deveci, deve süren.

Satılmış: Allah'a adanmış.

Satır: Kısa saplı, enli, ağır bıçak.

Satvet: Ezici güç, zorluk, kuvvetli hücum.

Savab: Doğruluş, yanlış olmayan, doğru, dürüst.

Savak: Fazla suyun savıldığı yer, akarsuyun kollara ayrıldığı yer.

Savaş: Harp. Çatışma, kavga. Silahlı mücadele.

Savat: Gümüşün üstüne kurşunla yapılan nakışlar. Derede hayvanlara su içirilen yerl

Savcı: Elçi, sözcü. Osmanlının ilk komutanlarından.

Saver: Güçlü, sağlam erkek.

Savlet: Hücum, şiddetli saldırı, atak.

Savni: Gözetme, koruma.

Savsak: Ağır hareket eden, işi zamanında yapmayan, ihmalkar.

Savtur: Hoşça kal, sağlıkla kal.

Sayda: Çömlek yapılan toprak.

Sayed: Başını yukarı kaldırıp kibirlenmek.

Sayf: Yaz mevsimi.

Sayfi: Yazlık, yazdan. Yazla ilgili, yaz mevsimine ait.

Saygı: İnsanlara karşı ölçülü, dikkatli, hürmetli olan.

Saygın: Saygı değer. Saygı gösterilecek değerde.

Sayhan: Adaletli, yönetici, hükümdarın ölçülüsü.

Sayıl: Saygı gör, değerli ol, değerin artsın.

Sayılgan: Hürmet edien kimse, saygın kimse.

Sayın: Kutlu, saygı değer, muhterem, sayılan.

Sayıner: Saygılı, değer verilen kimse.

Saykal: Gösterişli, pürüzsüz, düzgün, düz.

Saykut: Kutlu, uğurlu kimse, saygı değer.

Sayman: Hesap işleriyle uğraşan imse.

Syaraç: Cıvıldayan, öten, şakıyan.

Sayrak: Öten, şakıyan, cıvıldayan.

Sazende: Saz çalan, çalgıcı.

Sazkar: Saz çalan. Türk müziğinde birleşik makam, uygun.

Sebat: Sabretmek, yerinden oynamamak, dayanmak, kararlılık.

Sebati: Kararında duran, sözünde duran. Sabreden, sebat eden.

Sebih: Kuş yeleğinin kopup düşeni. Pamuk ve yün atıldıktan sonra dürüp eğirmek için konulan bez parçası.

Sebil: Hayır için parasız dağıtılan su. Su dağıtılan yer. Büyük cadde.

Sebir: Suret, renk, asıl, heyet.

Sebük: Hafif, ağırbaşlı olmayan, seri, hızlı.

Secahat: Yumuşak huylululk.

Secavend: Kur'an-ı Kerim'de anlamına uygun olarak okumak için konulan durak işaretleri.

Secde: Allah'ın huzurunda yere kapanmak.

Seçkin: Seçilmiş, üstün.

Seçkiner: Seçilmiş, diğerlerinden üstün olan erkek.

Sedat: Doğruluk, haklılık. Adaletlilik.

Sedil: Askı, perde, örtü, zar.

Sedir: Köşk. Nehir. Karyola üstü döşel, çevresi astıklı yüksek yer. Kerestesi kolay çürümeyen bir çam cinsi.

Sefa: Zevk. Gönül rahatlığı, kaygısızlık.

Sefer: Yolculuk, savaş.

Seha: Cömert. İri, büyük.

Seğmen: Düğün ve bayram toplantılarına, milli kıyafetli, atlı, silahlı katılan genç.

Sehhar: Büyüleyici, çekici, cazip.

Sehran: Geceleri uyanık duran, uyumayan.

Sekban: Av köpeği besleyicisi. At bakıcısı.

Selahattin: Dine bağlı, dini bütün.

Selam: İnsanlar karşılaştıklarında birbirlerine olan işaret veya saygı sözü. Hayır, barış, rahatlık, huzurlu olma. Allah'ın sıfatlarından.

Selameddin: Dinin selameti, esenliği.

Selami: Selam veren. Barış, huzur, selamet.

Selçuk: Evecen, tez canlı.

Selen: Sel gibi coşkun, taşkın kimse.

Selim: Noksanı olmayan, sağlam, zararsız, tehlikesiz. Saf, doğru temiz. Refah içinde. Selamette olan.

Selman: Barış yanlısı.

Selmani: Duası, yalvarması kabul edilen derviş.

Selmi: Barışçıl, barışla ilgili.

Selva: Bıldırcının büyüğü, bal.

Semavi: Gökle ilgili. Yüce.

Semi: Allah'ın sıfatlarından. İşitme, işiten, duyan.

Semih: Eli açık, cömert.

Senai: Övülen.

Sencer: Kale, hisar, çit, istihkam. Korunan yiğit.

Senih: İyi ve güzel hareket. Yüce kişilik.

Sepid: Ak, beyaz.

Seralp: Baş, yiğit. Önde gelen kahraman.

Serazat: Bağımlı olmayan, özgür, hür.

Serbay: Zengin ve efendi kimselerin başı.

Serbülent: Başı yüksek, yüce.

Sercan: En cana yakın.

Serdar: Başkomutan.

Serdengeçti: Akıncı, yiğit. Ölümü göze almış. Başından canından gayesi uğruna geçmiş.

Seren: Uzun ve kalın çam kerestesi, ana direğe dik yelken germeye yarayan ağaç.

Sergen: Raf, dolap, vcitrin. Derelerdeki kayaların su içinde kalan bölümü.

Serhat: Sınır boyu, hudut.

Serhan: Sarkıcı, baş okuyucu. Canavar.

Serhun: Hun başbuğu. Başta gelen, soylu kan, asaletli kan.

Serim: Hikayelerin başlangıç bölümü. Sabreden, yılmayan kimse.

Serkan: Asil, yüce kan.

Serkut: Talihli, mutlu.

Sermet: Devamlı, sürekli, ebedi. Öncesiz ve sonrasız.

Serol: Önder ol, baş ol.

Sertaç: Baştacı edilen, sevilen sayılan.

Sertel: Sert, acımasız el.

Serter: Sert yiğit.

Sertuğ: Tuğlular başı.

Server: Başkan, serdar.

Servet: Zenginlik, varlık.

Settar: Örten, gizleyen, bağışlayan.

Seva: Beraberlik, beraber olma.

Sevad: Esmer, kara adam. Karalık, siyahlık, koyu esmerlik.

Sevban: Elbiseli, giyinmiş, kuşanmış adam.

Sevgen: Sevmiş, seven, sevici.

Seviğ: Sevgi, sevilen.

Sevinç: Memnun olduğunu gösterme.

Seyfettin: Dinin kılıcı.

Seyfi: Kılıç kuşanmış.

Seyfullah: Allah'ın kılıcı.

Seyhan: Çizgili elbise, akarsu. Adana ovasını sulayan, Akdenize dökülen ırmak.

Seyyid: Efendi bey. Hz. Peygamber'in (s.a.v.) soyundan gelen kişi.

Seyidhan: Hanların başı.

Sezai: Münasip, övülmeye layık.

Sezal: Sezgisi olan.

Sezel: Duyarlı, sezme yeteneği kuvvetli.

Sezer: Duyarlı, hisleri kuvvetli.

Sezgi: Dolayısı ile anlama, gerçeğe sezerek ulaşma.

Sezgin: Duygularıyla anlama yeteneği güçlü. Hassas, duygulu.

Sezmen: Anlayan, sezen kişi.

Sıbğatullah: Allah'ın boyası.

Sıddık: Sözünde duran, samimi.

Sıtkı: Kalb, gönül temizliği. Doğruluk, dürüstlük.

Sığırtmaç: Sığır çobanı. Gökte yıldız kümesinin adı.

Sıla: İnsanın doğup büyüdüğü yer. Bu yeri ziyaret.

Sırat: Yol, geçit yeri. Kıyamette cehennemin üzerine kurulan cennete giden köprü.

Sıratullah: Allah'ın yolu.

Sırça: Cam, camdan yapılmış süs eşyası.

Sırdaş: Bir sırrı bilen kişilerden her biri.

Sırım: Sicim yerine kullanılan ince, uzun deri dilimi. Deriden yapılmış, çok dayanıklı ince ip.

Sırma: Altın yaldız veya gümüşle yapılan işleme.

Sırri: Sırla, gizlilikle ilgili. Sırra ait. Sır saklayan, sır tutan.

Sidre: Hünnap ağacı. Arabistan kirazı. Kökü insan beyninin sinir dokusuna benzeyen ağaç. Yedinci kat gökte bir makam.

Simavi: Yüzü gülen. Gümüş yüzlü.

Sina: Arabistan'ın kuzeybatısında Mısır'la birleşen yer. Hz. Musa'nın çıktığı kutsal dağ.

Sinan: Mızrak, süngü gibi silahların keskin ucu.

Sipahi: Osmanlıda süvari, atlı asker.

Seracettin: Dinin kandili, nurlu ve ışıklı kişisi. Dine ışık tutan.

Siraç: Dinin kandili.

Siyami: Oruçlu, oruç tutan, kötülük yapmamak için kendini tutan.

Siyaset: Devletin idaresi, politika.

Siyavuş: Yağız atlı.

Somer: Tam er, tam yiğit.

Sonat: Sonuncu at, bir veya iki çalgı için yapılan beste.

Sonay: Son ay doğan.

Sonel: Aileye el verecek son çocuk, son ümit.

Soner: Son olması istenen çocuk.

Songur: Sungur, bir cins şahin, ağır, hantal.

Songün: Sonuncu gün, yetenek.

Songür: Sonuncu, bereket, bolluk, rahatlık.

Songut: Bir söğüt cinsi. Güzel ve uzun saç. Sepetçi söğüdü.

Soydan: Soylu, asil, iyi soydan gelmiş.

Soysal: Uygar, çağdaş.

Sökmen: Yiğit, dirayetli, tuttuğunu koparan sökücü.

Sönmez: Daima yanar, aydınlatır, parlar. Hayat dolu.

Sözen: Güzel konuşan, doğru söyleyen, düzgün.

Suat: Kutlu, uğurlu.

Sualp: Yiğit, cesur, güçlü asker.

Suavi: Uykusuzluğa, yorgunluğa dayanıklı.

Subahi: Sabaha ait, sabahla ilgili, sabah vakti zamanı.

Subaşı: Şehirlerde inzibat amiri, su dağıtımına bakan.

Suphi: Sabah erken kalkan.

Subutay: Cengiz Han'ın komutanının adı.

Suca: Uzun boy, kambur veya çarpıklık olmayan uzun boy.

Sudi: Yararlı, faydalı.

Sudur: Meydana gelme, meydana çıkma. Sadrazamlar, kazaskerler. Göğüsler.

Suffa: Sofu, sofada duranlar.

Sufi: Tasavvufla ilgilenen, mutasavvıf, derviş.

Suhan: Suyun hakimi, denizcilerin komutanı.

Suheyb: Küçük arkadaş, dost. Peygamberimizin (s.a.v.) serbest bıraktığı köle sahabi.

Sukan: Hayat veren kan.

Sukat: Bahşiş, hediye, armağan.

Sukuti: Susan, az konuşan.

Sulhi: Sulh, barış yanlışı.

Sultan: Padişah, devletin gücünü temsil eden kişi.

Sunar: Takdim, saygılı verme veya göndermeyi yapan.

Sunay: Ayı sunan, takdim eden, yalvarma, yakarma.

Sunalp: Yiğitlik gösteren.

Sunay: Yiğitlik gösteren.

Suner: Sunan, takdim eden kimse.

Sungur: Ak doğan, şahin.

Sunguralp: Heyecana kapılmayan, korkmayan, yiğit, cesur kimse. Osmanlının ilk dönem komutanlarından.

Sungurbay: Heyecana kapılmayan, korkmayan erkek.

Suntay: Canlılığını göster. Adak dağı.

Sunuhi: Hatırlayan, gönül alan.

Sunullah: Allah'ın kudreti. Allah'ın yarattığı varlık.

Suut: Yükselme. Uğur.

Suyurgan: Halkını barış içinde yaşatan adil hükümdar.

Suzi: Tutuşma, yanma, Ateşi yüksek kimse. Aşık, tutkun, yanık.

Sübhan: Allah'a kulluk eden.

Süer: Yiğit asker.

Süerkan: Yiğit, mert kanlı asker.

Süha: Büyük ayı kümesindeki en küçük yıldız.

Sühan: Laf, söz.

Süheyl: Güney yarım kürede parlak yıldız. Ilımlı.

Sükan: Asker soydan gelen.

Sülasi: Üçlü, üç parçadan meydana gelen.

Süleyman: Hikmet ehli. İsrailoğullarına gönderilen peygamber.

Sülvan: İç açıcı, yüreğe ferahlık veren ilaç.

Sümer: Sözü özü doğru yiğit, asker.

Sümre: Esmer olma, karalık.

Süngütay: Süngü gibi, süngüye ait.

Sünter: Çavdara benzer sert buğday.

Süphan: Doğu Anadolu'da Van gölünün kuzeyinde dağ.

Süral: Aceleci.

Sürel: Süreli, yürekli, dayanıklı.

Süreyya: Boğa takım yıldızı denilen yedi yıldızdan oluşan küme. Ülker yıldız kümesi.

Sürre: Para kesesi, hediye. Türklerin Hicaz fakir ve ulemasına gönderdiklei para ve çeşitli eşyalar.

Sürsoy: Soyun devamlı olması, genişlemesi.

Sürur: Sevinç, neşe.

Süruri: Sevinçli, neşeli.

Süvari: Atlı asker, ata binmiş olan gemi kaptanı, büyük pantolon yaması.

Süyek: Kırık kemiği düz tutmak için bağlanan tahta destek.

Süyüm: Buyruk, iplik sapı.

S

Kız Adları

Saade: Yokuşun başı.

Saadet: Mutluluk.

Saba: Doğudan esen, hafif rüzgar. Musıkide bir makam.

Sabahat: Güzellik, letafet.

Sabahnur: Sabah aydınlığı.

Sabia: Yedinci. Yedinci olarak doğan kız çocuğu.

Sabiha: Güzel, latif, şirin. Yüzen, yüzüce.

Sabihat: Yıldızlar, gemiler, imanlılarının ruhu.

Sabire: Sabreden, sabırlı, tahammüllü.

Sabite: Yerinde duran, doğrulanmış, sağlam.

Sabiye: Küçük kız çocuğu, küçük kız.

Sabrinnisa: Kadınların sabırlısı.

Sabriye: Sabırlı.

Sacide: Secde eden, namaz kılan, dua eden.

Sacim: Akıcı, akan.

Sada: Ses.

Sadberk: Katmerli bir gül türü.

Sadegül: Bir gül kadar saf ve temiz..

Sadıka: Vefalı, doğru, bağlı.

Sadiha: Bulutun kat kat olması.

Sadiye: Mesut, uğurlu, talihli.

Sadise: Altıncı olarak doğan kız çocuğu.

Sadriye: Yürekle, gönülle ilgili.

Saf: Katışıksız, berrak, halis, arı.

Safa: Üzüntü ve kederden uzak, iç ferahlığı.

Safayab: Sükun bulmuş, rahat ve huzura ermiş.

Safigül: Güzel, saf, duru, gül gibi temiz.

Safiha: Levha. Yuvarlak yüzlü.

Safinaz: Sırf naz. Çok nazlı.

Safinur: Çok nurlu.

Safile: Dip, alt taraf, taban, bir şeyin altı.

Safine: Yel, rüzgar.

Safire: İnce, güzel ses, ıslık.

Safiye: Seçilmiş, saf ve temiz kadın.

Safiyet: Masumluk, temizlik, saflık, paklık, arılık, katışıksızlık.

Sahabet: Sahiplenme, sahip çıkma, yardım etme.

Sahavet: Cömertlik.

Sahba: Kırmızı, al.

Sahibat: Kadın sahabiler.

Sahibe: Sahip olan, koruyan.

Sahine: Kalın, sıkı, katı, pek.

Sahire: Kurumayan pınar. Büyücü, büyüleyici.

Saibe: Doğru, dürüst, hedefe ulaşmış.

Saide: Mübarek, kutlu, sevap kazanmış. Mest, ahiretine hazırlanmış.

Saika: Yıldırım. Semadan gelen şiddetli ses. Bulutları sevke vazifeli melek. Götüren. Sevk eden. Süzen. Hal, sebep.

Saile: Soran, isteyen. Fakir, dilenci. Akan, seyelan eden.

Saime: Mutlu, uğurlu.

Saire: Seyreden, hareket eden, yürüyen.

Sakine: Uslu, sakin, hareketsiz olduğu yerde duran. İyi huylu.

Salcan: Tez can.

Salife: Evvelce geçen, geçmiş, mukaddem.

Saliha: Elverişi, uygun, yarayışlı, yetkili. İnanmış, dinine bağlı.

Salime: Sağlam, emin, eksiksiz, korkusuz.

Salise: Üçüncü çocuk.

Salkım: Bir sap üzerine çok olarak dizilmiş meyve veya çiçek.

Samahat: Cömertlik, el açıklığı.

Samia: İşiten, dinleyen, duyan.

Samiha: Eli açık, cömert kız.

Samime: İç, öz, asıl.

Samine: Sekizinci. Sekizinci olarak doğan kız çocuğuna verilen ad.

Samire: Meyve veren, meyveli.

Samite: Susan, sükut eden, ses çıkarmaz olan, sessiz, uslu.

Samiye: Yüksek, yüce.

Sania: Tuzak, hile, yalan, uydurma.

Sanife: Bez kenarı.

Saniha: Düşüncede olan, zihine gelen fikir, mütalaa.

Saniye: İkinci. Su taşıyan, su yüklenen deve. Dakikanın altmışta biri.

Sannur: Sanlı, ünlü, isim yapmış nurlu kız.

Sara: Prenses. Hanım. Saf, temiz.

Sarçe: Serçe kuşu.

Sare: Sıçrayan, atlayan.

Sarfe: Boncuk. Nurlu. Bir yıldız adı.

Sarıçiçek: Rengi sarı olan çiçek.

Sarife: Sarfeden, harcayan. Değişiklik, değişme.

Sariha: Açık ve belirli olarak, açıkça, aşikar.

Sarime: Kesici, keskin.

Sariye: Gece yağmur yağdıran bulut. Direk.

Sarmaşık: Çok çeşidi olan. Bazıları dolanıp sarılarak, bazıları gövdesinden çıkan kökleri ile yapışarak ağaç veya kayalara tırmanan bir bitki cinsi. Tırmanıcı bitki.

Sarıgül: Sarı renkli gül.

Sarıgüzel: Güzel ve sarışın.

Sariha: Apaçık, açık yürekli. Belirgin.

Sarra: Sevindiren, sevinçli.

Satı: Çocuğu olmayanların, adadıkları çocukları olduğunda verdikleri isim.

Satıa: Yükselen, yükselmekle dikkat çeken. Nur saçan, parlak.

Satıgül: Yüksek değer. Armağan edilen.

Sayar: Hürmet eden, saygı duyan, saygılı, saygı gösteren.

Saye: Yardım, sahip çıkma, koruma. Gölge.

Sayeban: Gölgelik. Koruyan. Büyük çadır.

Sayezar: Gölgelik.

Savvane: Bir cins çakmaktaşı.

Sayfiyye: Yazlık mesken, yayla veya bahçe evi.

Saygül: Saygılı, güleryüzlü.

Sayha: Çağırış, çığlık, feryad, nara. Azar, eziyet.

Sayıl: Saygı gör, sevil.

Sayime: Yılın çok vaktinde yabanda otlayan davar.

Sazende: Saz çalan, çalgıcı.

Seba: Yedi sayısı.

Sebahat: İncelik, güzellik, hoşluk.

Sebike: Hafif, küçük. Eritilerek kalıba dökülmüş şey. Kalıba dökülmüş altın veya gümüş.

Sebile: Allah yolunda iyilik yapan.

Sebla: Uzun kirpikli göz.

Sebre: Soğuk olan erken vakit.

Sebu: Testi.

Secah: Letafet, güzellik. Yumuşak yer.

Seciye: Huy, tabiat.

Seçil: En iyi olarak seçilmiş, beğenilmiş.

Seda: Yankı, ses.

Sedanur: Güzel sesli, nurlu.

Sedef: İçinde inci bulunan denizden çıkarılan istiridye kabuğu.

Seden: Sezen, uyanık, gözü açık.

Seha: Cömertlik, el açıklığı.

Seher: Tan. Sabahın olmaya başladığı zaman.

Sehhare: Büyüleyici. Çok güzel kadın. Etkileyici, çekici, tesiri altına alan.

Sehle: Yumuşak, kolay, taze, körpe.

Sekine: Rahat, sakin, huzurlu.

Selame: Saygı ifade eden söz veya işaret.

Selamet: Esenlik, güvenlik içinde olma.

Selcen: Coşkun, taşkın, cevval yaradılışlı.

Selda: Dağ seli.

Seldağ: Dağlardan gelen sel, dağları aşan sel.

Seldanur: Nur seli. Nurunu seller gibi saçan.

Selen: Ses. Bilgi, haber. Varlık, bolluk.

Selenge: Türkistan'da bir ırmak adı.

Selgün: Çok ışıklı, çok aydınlık gün.

Seliha: Kabuk. Soyulmuş veya bozulmuş şey. Tarçın yerine kullanılan bir ağacın adı.

Selika: Güzel konuşma, güzel yazma kabiliyeti olan.

Selile: Yeni doğmuş kız çocuğu.

Selime: Sağlam, kusursuz.

Selin: Sevinç, övünç.

Selka: Otsuz, susuz ve sahipsiz yer.

Selma: Selamette olan.

Selme: Gedik, rahne, yara.

Selmin: Barış içinde olan.

Selnur: Nur seli.

Selsal: Tatlı, hafif, soğukça, lezzetli su.

Selva: Bal. Çulluk kuşu.

Selvet: Gönlü rahat.

Selvi: Yapraklarını dökmeyen bir ağaç.

Sema: Gökyüzü.

Semahat: Cömertlik, iyilikseverlik.

Semaniye: Sekiz gökyüzü. Bıldırcın.

Semanur: Nurlu, ışıklı gökyüzü.

Semavat: Gökler. Semalar.

Semen: Yasemin.

Semenber: Göğsü yasemin gibi ak olan.

Semender: Su kertenkelesi. Mecusi inancına göre ateşte yaşadığı kabul edilen kertenkele cinsi bir hayvan.

Semerat: Sonuçlar. Yemişler, meyveler. Devlet mülklerinde alınan vergiler. Çiftçinin topraktan aldığı mahsul.

Semiha: Eli açık, cömert hanım.

Semile: Artmış şey. Dere içinde kalan su artığı.

Semine: Kıymetli, pahalı, yüksek değerde olan.

Semiramis: Bir efsaneye göre güvercinlerden gelen Asur prensesi.

Semire: Gece sohbet eden arkadaş.

Semiyye: Yüce, yüksek.

Semra: Esmer, kumral.

Semure: Dikenli bir ağaç.

Sena: Şimşek parıltısı. Yükseklik, aydınlık, övgü.

Senabil: Başaklar, sümbüller.

Senahan: Meddah, övücü.

Senan: Parlak, ışıklı, aydınlık.

Senaver: Metheden, öven.

Senay: Ay gibi temiz yüzlü.

Senevat: Yıllar, seneler.

Sengül: Gül gibi güzel ve taze.

Seniha: İnci. İnci dizisi, ziynet. Yüce, yüksek.

Seniye: Ulu, yüce, yüksek.

Sepide: Tan vakti ağartısı.

Sera: Büyük köşk, saray, konak.

Serap: Çölde ışık kırılması, göz aldanması ile görülen hayal. Salgım, ılgım.

Seraçe: Küçük saray, konak.

Serapa: Bir uçtan bir uca, boydan boya.

Seran: Parlak, ışıklı.

Seray: Saray, büyük konak.

Seraya: Düşman üzerine gönderilen süvari müfrezesi.

Sercan: Cana yakın.

Serdil: Gönül, baş.

Seren: Uzun, saçı uzun.

Serengül: Uzun boylu.

Seriye: Keşif ve taarruz için gönderilen küçük askeri birlik. Savaşta güçlü keşif kolu.

Serkız: Kızların, güzellerin başı. En başta gelen kız.

Sermelek: Baş melek, melek kadar güzel.

Sermin: Başı billur gibi parıltılı.

Sernaz: Baş nazlı, çok nazlı.

Sernur: Nurlular nurlusu.

Serpil: Gelişmiş, boy atmış, sağlılı ve neşeli.

Serpin: Yağmur.

Serra: Kolaylık, genişlik, bolluk, sevinçli oluş.

Serraç: Çok sevilen sayılan kimse.

Sertal: Baş tacı edilen, çok esvilen.

Sertap: Vazgeçilemez sevgili, birinci sevgili.

Serva: Masal, söz.

Servi: Bkz. Selvi.

Servinaz: Uzun boylu ve nazlı güzel.

Setve: Hamle etmek, kızmak, kahretmek.

Sevad: Kara, esmer.

Seval: Severek al. Sevimli, sevecen.

Sevan: Sevrek hatırla. Sevilerek hatırlanan.

Sevay: Sevimli ay, sevilen ay.

Sevban: Giyinip kuşanan.

Sevcan: İçten seven, sevimli, sevgili.

Sevda: Aşk, tutku.

Sevde: Esmer güzel.

Sevdekar: Sevdalı, meczup.

Seven: Aşık, tutkun.

Sevenay: İçinde sevgi olan, ay gibi sevgili.

Sevencan: İçten seven, sevgili.

Sevengül: Gül yüzlü sevgili.

Sevengün: Çok seven, sevdiğini gizlemeyen.

Sevgen: Sevgi dolu. Sevecen, seven, sevilen.

Sevgi: Yakın ilgi, muhabbet. Şefkat.

Sevginaz: Naza çeken sevgili.

Sevgür: Çok seven. Sevgisi eksilmeyen.

Sevgün: Sevilen gün, sevgi günü.

Sevi: Sevgi, aşk.

Sevik: Her zaman sevilen, beğenilen.

Sevilay: Kendini sevdiren ay yüzlü.

Sevile: İnsan topluluğu.

Sevim: Sevimli, hoşa giden, gönül çeken, alımlı.

Sevin: Sevinç duy, neşelen.

Sevinç: Sevinme, neşelenme.

Sevkan: Çok nazlı sevgili.

Sevnur: Sevginin ışığı, aydınlığı.

Sevsen: Sen insanları sev ki, onlar da seni sevsin.

Sevser: Sevgini göster. En sevgili.

Sevtap: Aşırı derecede sevilen.

Sevzak: Çakırdoğan kuşu.

Seyfiye: Kılıçla ilgili. Kılıç ş eklinde, kılıç ehli.

Seyhan: Çizgili elbise. Çukurova'yı sulayan ırmak.

Seyhun: Türkistan'da Aral gölüne dökülen bir ırmak.

Seyyal: Akan, akıcı, hareketli.

Seyyide: Saygın hanım.

Seza: Yakışır, layık.

Sezal: Sezgiyle al.

Sezay: Duygu yüklü ay.

Sezcan: Sezgi hissi güçlü olan. Ferasetli.

Sezel: Duygusal.

Sezen: Hisseden, sezgi yoluyla gerçeğe ulaşan.

Sezgen: Sezen, sezmiş, sezgisi güçlü olan.

Sezgin: Duygulu, hisli, sezgi yoluyla gerçeğe ermiş.

Sezginay: Anlayışlı, sezgili, duygulu.

Sezin: Sez, sezinle, olacakları önceden gör.

Sıdıka: Doğru sözlü, samimi. Sözü özü bir.

Sıdkiye: Temiz yürekli, kalbi temiz.

Sığın: Ala geyik.

Sıla: Kavuşmak, ulaşmak. Kişinin doğup büyüdüğü yer.

Sımme: Halis, temis.

Sırma: Altın ve gümüş ince tel gibi sarı saç.

Sırriye: Sır ile ilgili, sırra ait. Sır vermeyen, gizleyen.

Sıyanet: Korunma, sığınma, güvende olma.

Sibel: Buğday başağı. Yere düşmemiş yağmur damlası.

Sidre: Arabistan kirazı.

Sikaye: Su kabı. Suyun toplanması için yapılan yer.

Sikayet: Mekke'de hacılara su dağıtma işi ile görevli olan.

Sima: Bet, beniz, çehre, yüz.

Simay: Gümüş gibi parlak ay.

Simber: Göğsü güneş gibi parlayan.

Simge: Sembol, işaret.

Simin: Gümüşten, gümüşe benzer.

Simmi: Adaş, isimleri aynı olan.

Simruy: Gümüş gibi parlak, ışıltılı yüzlü.

Simten: Teni gümüş gibi.

Simcan: Kırmızı çiçekli bir bitki.

Sine: Göğüs, bağır, gönül.

Sinem: Kalbim, aşkım.

Sipar: Suya kanmış. Körpe, taze. Feda eden.

Sipare: Küçük kitap. Kur'anın her bir cüzü.

Sirfiraz: Başını yükselten. Emsallerinden üstün olan.

Sirye: Gece yürümek, gece gitmek.

Sitare: Yıldız.

Siva: Gayrı, ayrıca.

Sivar: Bilezik.

Siyadet: Efendilik, beylik, sahiplik.

Siyanet: Koruma, muhafaza etme.

Sohbet: Konuşmak, arkadaşlık.

Solay: Ay ışığının azalması, solması.

Solmaz: Her zaman taze, parlak, genç. Rengi değişmeyen.

Somay: Saf, soylu, değerli, ay yüzlü.

Sonay: Ayın son günü. Son kız çocuğu. Yılın son ayı.

Songül: Son gül.

Songün: Sonuncu gün. Son kız çocuğuna verilen ad.

Sonnur: Son doğan nurlu.

Sontaç: Eşsiz taç.

Sonver: Sonuncu çocuk.

Soyhan: Hükümdar soyundan gelen.

Soykan: Asaletli soydan gelen.

Sorgun: Çok uzun ve güzel saçlı.

Sönmezay: Işığı sönmeyen ay.

Suat: Kutlu, uğurlu.

Suay: Suda aksi görülen ay.

Subare: Taş.

Subha: Sabah uykusu.

Subhiye; Sabah erken kalkan, sabahı seven.

Sudan: Su gibi güzel, duru.

Sudiye:. Faydalı, yararlı, kazançlı.

Suğra: En küçük. Hepsinden daha küçük.

Suhansera: Kafiyeli, ahenkli söz söyleyen.

Sukak: Beyaz, alacasız geyik.

Sulhiye: Barışla ilgili. Barışa ait. Barışçı.

Sulta: Otorite, yetki.

Sultan: Padişah, hükümdar..

Suna: Erkek ördek. Zarif görünüşlü.

Sunar: Saygılı olarak verme, takdim.

Surah: Tavuskuşu cinsinden bir kuşun adı. İnilti.

Susen: Güzel kokulu bir bitki. Güve kurdu.

Sunay: İkramı seven ay yüzlü. Işığınla aydınlat, güzelliğinle göz kamaştır.

Suzan: Yakan, yakıcı.

Suzidil: Gönül ateşinin sıcaklığı. Türk musıkisinde bir makam.

Süfre: Misafire verilen azık.

Sühandan: Güzel söz söyleyen.

Süheyla: İyi ve yumuşak huylu. Kolay, uygun.

Sükeyne: Ağırbaşlı, onurlu, sessiz, vakarlı.

Sülün: Uzun kuyruklu, tavuğa benzer kuş. Boylu poslu, güzel yürüyüşlü hanım.

Sülünay: Uzun boylu, endamlı, güzel. Sülün gibi uzun, ay gibi ışıklı.

Sülvane: İçe ferahlık veren, iç açıcı. İlaç.

Sümame: Toplamak, cem etmek, bir çeşit ot.

Sümbül: Başak.

Sümbülveş: Sümbüle benzeyen, sümbül gibi.

Sümeyra: Yaprak, çağla.

Sümeyye: Müslüman ilk şehid kadın.

Sümre: Esmerlik, kara yağızlık.

Sümret: Esmerlik.

Sündüs: Altın veya gümüş telle işlenmiş kumaş.

Süra: Gece seyri.

Sürbe: Topluluk, yığın, küme, gidilecek yer.

Süreyya: Yedi yıldızlık topluluk. Ülker, pervin.

Sürha: Su yolu.

Süsen: Zambak cinsi çiçekleri, iri ve güzel kokulu bitki.

Süveyda: Siyahlık, kalbteki günah, tohumun ortasındaki tanecik.

Süvenbike: Buyruk veren. Benzersiz saygıdeğer hanım.

Süzülay: Gökte süzülen ay. Şeffaf bulutların arasından sıyrılarak geçen ay.

Ş

Erkek Adları

Şaabeddin: Cemaat din topluluğu.

Şaban: Kameri ayların sekizincisi, üç ayların ikinci ayı.

Şabi: Cemaatten, kabileden olan kimse. Cemaate kabileye ait. Cemaatle, kabile ile ilgili.

Şadan: Sevinçli.

Şadi: Hoşnut, neşeli.

Şafak: Güneşin doğuşundan önceki aydınlık.

Şafi: Şifa veren.

Şahap: Ateş, alev. Akan yıldız.

Şahabeddin: Dinin yıldızı.

Şahadet: Şahit olma, şahitlik yapma.

Şahamet: Toplu olan, şişmanlık.

Şahan: Şahin, yırtıcı kuş.

Şahat: Kuş kanadının en uzun tüyü. Atların şahı, en iyi at.

Şahbaz: Yiğit, kahraman kişi, cesur insan.

Şahbey: Önder, yüce bey.

Şahi: Şaha, hükümdara ait.

Şahid: Tanık.

Şahidüddin: İslamın hak din olduğuna şahidlik eden.

Şahin: Doğandan küçük, ehlileştirilip eğitilen avcı kuş.

Şahinalp: Şahin gibi güçlü, cesur, yiğit.

Şahiner: Şahin gibi yiğit, güçlü.

Şahsuvar: İyi, usta binici.

Şahzat: Saygı duyulan kimse.

Şaik: Şevkli, hevesli, istekli.

Şair: Şiir yazan, ozan.

Şakir: Şükreden, iyiliklere teşekkür eden, nankörlük etmeyen.

Şamil: Şumüllü, içine alan, kuşatan. Geniş kapsamlı.

Şanalp: Tanınmış, ünlü kahraman.

Şanalan: Ün almış, tanınmış, ünlü ve kahraman kişi.

Şanver: Güzel ve iyi taraflarınla tanın.

Şarani: Gür ve uzun saçlı.

Şarık: Işıltılı, parlak.

Şatır: Şen, neşeli. Büyük bir kimsenin atının yanında gitmekle görevli ağa.

Şati: Kenar, kıyı, d eniz veya ırmağın kıyısı.

Şavcir: Danışan, soran, istişare eden. Fatımi vezirlerinden birinin adıdır.

Şaybak: Ak saçlı. Şeyban.

Şebab: Tazelik, gençlik, delikanlılık.

Şebah: Cüsse, cisim, şahıs, karaltı.

Şebib: Tazelik, gençlik, delikanlılık.

Şecaat: Yiğitlik, cesurluk, kahramanlık.

Şecaattin: Dinin kahramanı, yiğidi, cesur kişisi.

Şefaaddin: Dinin şefaati, dinin Allah ile kul arasındaki aracılığı.

Şefaat: Birisinin affi veya dileğinin y erine gelmesi için aracı olan.

Şefi: Şefaat eden. Acıyıp, kurtuluşuna yardımcı olan.

Şefik: Şefkatli, merhametli, acıyan, esirgeyen.

Şefkat: Acıma ve koruma duygusu olan.

Şehadet: Şehit olma, şehitlik.

Şehamet: Zeka ve akılla birlikte olan, yiğitlik ve cesaret.

Şehba: Kırlaşmış, akçıl.

Şehim: Cesurca, yiğitçi. Hem akıllı, hem kurnaz.

Şehid: Allah yolunda ölen.

Şeyhmuz: Şeyh Musa'ya adanmış çocuk. Hükümdar soyundan gelen.

Şehrar: Şehire süs veren, süsleyen.

Şehri: Terbiyeli, nazik. Aylık, aya özgü. Şehirli.

Şehriban: Şehrin ileri geleni, büyüğü.

Şehzat: Saygı duyulan kişi.

Şehsüvar: İyi ata binen.

Şekur: Allah'ın isimlerinden. Şükretme, şükreden. Kullarının şükrüne karşılık veren.

Şemail: Bir kişinin dış görünüşü, huylar, davranışlar.

Şekip: Sabırlı, tahammüllü.

Şemdin: Dinin mumu, aydınlığı.

Şemi: Mum satan, mum yapan kişi. Işıkla, mumla ilgili. Muma ait. Şiir yazan.

Şemim: Hoş kokan iyi kokan, güzel kokan. Güzel koku. Güzel kokulu.

Şems: Güneş.

Şemsettin: Dinin güneşi, aydınlatıcısı.

Şemsi: Güneş gibi nurlu, ışıklı, ışık saçan.

Şemsifer: Güneşin aydınlığı, parlaklığı.

Şemsipare: Güneş parçası, çok parlak.

Şenal: Neşe, şenlik al. Şenlen ve şenlendir.

Şenalp: Şen, neşeli, sevinçli, yiğit, cesur kimse.

Senaltan: Canlı, neşeli, sevinçli kahraman.

Şenbay: Sevinçli, mutlu, canlı kimse.

Şencan: Şen, canlı, hareketli.

Şendoğan: Sevinçli, yiğit, neşeli, canlı.

Şendur: Neşeli halin devam etmesi, sürmesi.

Şenel: Neşelen, şenlen. Mutlu yuva, şen ülke. Mutlu insanların memleketi.

Şener: Neşeli, güler yüzlü yiğit.

Şengil: İyi yürekli kimse, hoş sohbet.

Şensal: Herkesi şenlendir, neşelendir.

Şensoy: Neşeli soydan gelen kimse.

Şenol: Daima neşeli ve şen ol.

Şerafettin: Dinin şerefli kişisi.

Şerafet: Asaletli, şerefli olma.

Şeref: Gözüpeklik, yetenekliik, erdem, iyi şöhret. Çevresinde itibarlı olma, saygı uyandırma. Onur.

Şerefhan: Büyük ve yüce hükümdar.

Şerif: Şerefli, kutlu, itibarlı ve asil.

Şevket: Heybet, kudret, büyüklük, haşmet.

Şevki: Heybet, kudret, büyüklük, haşmet.

Şeyban: Yaşlı kişi.

Şeyh: Otorite, aşiret ve kabile reisi. Tarikatlarda en büyük.

Şibli: Aslan yavrusuna mensup, aslan yavrusu gibi cesur olan. Şecaat sahibi.

Şihab: Kıvılcım. Ateş. Akan yıldı. Yürekli, cesaretli olan.

Şihabeddin: Dinin parlak yıldızı.

Şimşek: Buluttan buluta veya buluttan yere elektrik akımının inmesi. Şimşek gibi hızlı giden. Birden bire olan şeyler.

Şimşekhan: Hızlı, canlı soydan gelen.

Şimşir: Kireçli çorak yamaçlarda yetişen, içi be yaz, sert ağaç.

Şinas: Bilen, tanıyan, anlayan.

Şinasi: Tanıyan, bilen, aşina olan.

Şiraz: Türk müziğinde eski bir makam. İran'da bir şehir.

Şirvan: İran'da bir şehir adı.

Şirzad: Aslan gibi, güçlü, aslan barınağı.

Şit: Adem aleyhisselamın üçüncü oğlu. İkinci peygamber.

Şuayb: Kur'anda adı geçen peygamber.

Şüca: Cesaretli, cesur. Aslan ve yengeç burçları arasındaki yıldız kümesi.

Şükrü: Şükür eden, teşekkür eden.

Ş

Kız Adları

Şabbe: Genç kadın.

Şacine. Ağaçlı ve yeşillik dere.

Şadan: Sulu, suya kanmış. Taze, keyifli, neşeli, sevinçli.

Şadiye: Memnunluk, neşe, gönül ferahlığı.

Şadkam: Mutlu, sevinçli. Keyifli, neşeli.

Şaduman: Memnun, sevinçli. Sürur içinde.

Şafak: Güneş doğmadan önceki kızıllık.

Şafaknur: Şafak aydınlığı.

Şafiye: Şifa veren. Suçlunun bağışlanmasını isteyen. İnandırıcı, ikna edici. Şafii mezhebinden olan. Bu mezhebe mensup olan hanım.

Şahane: En kaliteli ve güzel. Hükümdara layık.

Şahbal: Kuş kanadında bulunan en uzun tüy.

Şahbanu: Şah eşi, hükümdar hanımı.

Şahende: Dindar, dine bağlı, temiz kalbli.

Şaheser: Değerli eser. Üstün nitelikli, kalıcı.

Şahhanım: Hanım sultan.

Şahıgül: Gül dalı.

Şahika: Doruk, zirve, dağ tepesi.

Şahnur: Nur fışkıran. Aydınlar şahı.

Şahmelek: Meleklerin şahı, başı, birinci melek.

Şahperi: Perilerin şahı.

Şahver: Şahlara layık.

Şakire: Şükreden, iyiliğe nankörlük etmeyen.

Şamile: Çok yönlü, geniş ve kapsamlı.

Şamme: Koklayan, koku alan burun.

Şargül: Gül gibi güzel, şehirli kız veya kadın.

Şayeste: Uygun, yakışır, münasip.

Şaylan: Neşeli, nazik, gururlu.

Şaziye: Kemik, ağaç gibi şeyerden kopmuş parça.

Şebhan: Gece öten bir cins bülbül.

Şebnem: Çiğ, gece nemi, jale.

Şebnur: Gecenin nuru, ışığı.

Şeffa: Yardım alan. Bağış kabul eden.

Şefika: Şefkatli, merhametli, esirgeyen, acıyan.

Şehbal: Şahbal kuş kanadının en uzun tüyü.

Şehime: Yiğit, korkusuz, yürekli, kahraman kadın.

Şehka: Keskin çığlık.

Şehla: Ela göz.

Şehnaz: Çok güzel, nazlı.

Şehper: Kuş kanadındaki uzun tüy.

Şehrazad: Hür, özgür.

Şehriban: Şehirli, zarif.

Şekerpare: Bir kayısı türü. Tatlı, sevimli.

Şekibe: Sabırlı, tahammüllü.

Şekure: Şükreden.

Şelale: Büyük çağlayan.

Şemime: Güzel koku, güzelkokan, iyi kokan. Güzel kokulu olan.

Şeminur: Nurlu ışık.

Şenay: Neşe dolu, ay yüzlü güzel.

Şencan: Neşeli kimse, içten ve candan olan.

Şenel: Neşelen, eğlen. Çevresine neşe saçan.

Şengül: Neşeli, neşe saçan gül yüzlü.

Şengün: Neşeli geçen gün. Günü neşelendiren.

Şennur: İnsanı neşelendiren, sevinç veren, ışık, aydınlık.

Şerare: Kıvılcım, ateş parçası.

Şeraze: Katı olmak. Kurumak. Katılaşmak, sertleşmek. Katı huylu, sert tabiatlı.

Şerefnaz: Nazlı ve onurlu.

Şeremet: Hünerli, çalışkan, becerikli

Şerife: Şerefli, asil, kutsal, yüce.

Şermende: Mahcup, çok utangaç. Sıkılgan.

Şermin: Utangaç. Haya ehli. Sıkılgan.

Şerye: Çekirdekten biten hurma ağacı.

Şevba: Beyaz saçlı kadın. Ayınson gecesi.

Şevende: Giden, var olan.

Şevha: Yay yapımında kullanılan ağaç.

Şevkiye: İstekli, gönüllü.

Şevval: Ramazan ayından sonraki ay.

Şeyda: Çılgınca aşık, aşkından aklını kaybetmiş.

Şeydanur: Aşkın nuru, ışığı.

Şeyma: Vücudunda beni olan.

Şihban: Kıvılcımlar, akan yıldızlar.

Şirin: Tatlı, sevimli, cana yakın.

Şirvan: Güney Azerbaycan'da bir şehir ve eski bir beylik.

Şivekar: İşveli, cilveli, hoş edalı.

Şöhret: Herkesçe bilinme ve tanınma durumu.

Şule: Alev, ateş, parıltı.

Şulebar: Bol ışıklı, alev saçan.

Şeladar: Parlak, alevli.

Şuleefşan: Işık saçan.Şükran: Teşekkür, iyilik.

Şükran: Gönül borcu, memnunluk, teşekkür etme. Yapılan iyiliği karşılıksız bırakmayan.

Şükriye: Haline şükreden.

Şükufe: Çiçek. Çiçek gibi narin ve güzel. Tomurcuk gibi taze, hoş. Süslü.

Şüküfte: Açılmış.

T

Erkek Adları

Taberi: İslam tarihçisi ve Ceririye adlı fıkıh mektebinin kurucusu. (Ebu Muhammed bin Cerir ibn Yezid).

Tabip: Doktor, hasta tedavi eden.

Tacar: Düğünde geline taç giydiren aile büyüğü.

Tacaver: Padişah, hükümdar.

Tacettin: Dinin tacı, sevilen kişisi.

Taci: Taç sahibi, taçlı.

Tacim: Noktalama.

Tacir: Ticareti meslek edinmiş olan.

Taflan: Gülgillerden kalın yapraklı, salkım çiçekli, hoş kokulu bir tür ağaç.

Tafta: Sık dokunmuş ince, parlak, ipekli kumaş.

Tağmaç: Dağları inceleyen, dağları seven, dağcı.

Tağman: İriyarı, gösterişli insan.

Taha: Düzelten, seren. Kur'an-ı Kerim'in yirminci suresi.

Tahaşi: Bir yana olmak, utanmak, sıkılmak.

Tahir: Temiz, pak.

Tahrim: Harem kılınma. Kur'an-ı Kerimde bir sure adı.

Tahsin: Güzel bulma, takdir etme, beğenip alkışlama. Kale gibi sağlamlaştırma.

Tahsir: Hasret edilme, hasret bırakılma.

Tahur: Çok temiz, temizleyici.

Taib: Tövbe eden, günahlarından dolayı Allah'tan af dileyen. Günah işlediğine pişman olan.

Tair: Uçucu, uçan.

Takdir: Allah'ın insan için çizdiği yol. Değer verme.

Taki: Dindar. Günahtan, haramdan kaçınan.

Takuyuddin: Dinine bağlı, dinin emirlerine uyan kişi.

Takva: Allah'ın korkusu ile yasak şeylerden çekinme.

Talac: Kavga, kandil, çığlık, ses.

Talakut: Kutlu deniz.

Tal'at: Yüz, çehre, güzellik.

Talaz. Dalga, yumuşak kumaşların kurumasıyla oluşan kabarcık. Fırtına.

Talay: Fazla, çok. Derya, büyük deniz, büyük göl.

Talayer: Denizci.

Talayhan: Yiğit han.

Talha: Zamk ağacı, akasya.

Talip: Talep eden, isteyen.

Talih: Kısmet, kader, şan.

Talu: İki kürek kemiğinin arası. Seçkin, beğenilen, seçme, seçilen.

Tamay: Dolunay, ayın ondördüncü günü.

Tamer: Yiğitliğinden kuşku duyulmayan. Gerek er.

Tamkan: Katıksız kan, saf kan.

Tamur: Kan damarı, damar.

Tan: Güneş doğmadan önce gökyüzündeki alaca karanlık. Güneşin doğduğu yerin ağarması.

Tanalp: Çevresini aydınlatan, aydın, yiğit.

Tanaltan: Tanyerinin kırmızımsı ağarması.

Tanaltay: Altaylarda tan ağarması, tana ağarırken doğan renkli, uğurlu ay.

Tanay: Şafak kırmızısı rengine benzeyen ay.

Tanaydın: Tan atması, sabahın ilk aydınlığı.

Tanbay: Geleceğinin parlak olacağı tahmin edilen erkek.

Tanbey: Tanyeri gibi aydın, bilgili kimse.

Tanbolat: Işıldayan çelik.

Tancan: Geleceği uğurlu, aydınlık kimse.

Tandan: Tan atarken dünyaya gelen çocuk.

Tandoğan. Tan atarken dünyaya gelen.

Tandoğdu: Tan atarken dünyaya gelen.

Tandoruk: Tan attığında dağ tepelerinin aydınlanması.

Tanel: Tan vaktine ait, tan vaktiyle ilgili.

Taner: Tan ağartısı gibi aydınlık, ışık saçan yiğit.

Tanfer: Tan ağartısının, aydınlığının parlaklığı.

Tangör: Günlerinin aydın olmasının dilenmesi.

Tanhan: Zamanı aydınlık ve huzurlu geçen hükümdar.

Tanık: Şahid, delil, hüccet.

Tanıl: Bildik, tanıdık, herkese kendini tanıt.

Tanın: Herkes tarafından tanın, bilin.

Tanır: Bilir, hatırlar, konu hakkında bilgili.

Tanırcan: Sıcakkanlı, cana yakın.

Tanju: Türk hükümdarı, Türk kağanı.

Tankan: Soyu bilinen, asaletli.

Tankut: Uğurlu, kutlu sabah.

Tanören: Tan ağarırken çalışan.

Tanpınar: Günün ilk ışıkları ile suları parlayan pınar.

Tansan: Tan gibi lekesiz, temiz, aydınlık.

Tansev: Sabahı, şafağı, aydınlığı sev, anlamında.

Tansoy: Aydınlık, temiz soydan gelen.

Tanuğur: Hayırlı, uğurlu tan vakti.

Tanver: Işık, aydınlık, uğur veren.

Tanyel: Tan atarken esen yel.

Tanyer: Tan yerinin ilk aydınlanan noktası.

Tanyol: Sonu aydınlığa, rahatlığa çıkan kutlu yol.

Tanyolaç: Aydınlığa öncülük eden, aydınlık yolu açan.

Tanzer: Altın renginde tan yeri.

Tarcan: Fidan gibi.

Tarık: Zühre yıldızı.

Tarkan: Yiğit, bahadır, delikanlı.

Taşan: Coşkulu, coşkun, taşkın.

Taşboğa: Taş gibi sert, sağlam. Boğa gibi güçlü.

Taşdemir: Taş gibi sağlam, demir gibi sert, güçlü.

Taşel: Eli taş gibi, zor işleri başaran.

Taşer: Taş gibi sağlam kimse.

Taşkan: Sağlam, güçlü soydan gelen.

Taşkın: Taşmış, coşmuş, yatağından dışarı çıkmış.

Taştekin: Sağlam yapılı şehzade.

Taybars: Pars gibi çevik taya benzeyen kişi.

Taybek: Çevik, atik, tay gibi genç.

Tayberk: Şimşek gibi hızlı, çevik taya benzeyen.

Taycan: Tay gibi hızlı, çevik kimse.

Tayfun: Şiddetli fırtına.

Tayfur: Bir kuş.

Taygun: Dayanıklı, direnlçi.

Taykut: Kutlu, mübarek, uğurlu çocuk.

Taylan: Uzun boylu, çok güçlü ve yakışıklı.

Tayman: Tay gibi tecrübesiz kimse.

Taymaz: Dengeli.

Tayyar: Uçan, uçucu.

Tayyip: İyi, güzel, temiz, helal, hoş kokulu.

Teber: Derviş baltası, uzun saplı ay ağızlı balta.

Tecer: Becerikli, hünerli, marifetli.

Tefhim: Anlatma, açıklama, tebliğ.

Tekalp: Benzersiz, eşsiz, yiğit ve kahraman.

Tekbir: Allah'ın birliğini ve yüceliğini zikretmek.

Tekcan: Bir tek can, eşsiz, benzersiz, uysal.

Tekdal: Neslini devam ettiren tek kimse.

Tekin: Kutsal, uğurlu. Prens, şehzade.

Tekinalp: Kutlu yiğit.

Tekinay: Biricik, kutlu, uğurlu ay.

Tekinel: Kutlu, uğurlu el. Kutlu uğurlu memleket.

Tekiner: Benzersiz, yiğit.

Tekrim: Saygı gösterme, saygılı olma.

Temel: Dayanak, ana unsur, asıl.

Temir: Demir.

Temircan: Demir gibi sert, sağlam kimse.

Temirhan: Demir gibi sert, sağlam hükümdar.

Temizer: Kirli işlere bulaşmamış pak kimse.

Temür: Demir.

Tengiz: Deniz.

Teoman: Hun İmparatoru Mete Han'ın babası.

Tepegöz: Dar alınlı, gözeri saç bitim sınırına yakın. Dede Korkut hikayelerinde peri çocuğu.

Tercan: Kırmızı buğday. Genç, dinamik, enerjik.

Terim: Istılah. Had.

Tertil: Kur'an-ı Kerimi usul ve kaidesine uygun olarak okuma.

Teshin: Isıtma, sıcak hale getirme.

Teslim: Verme, bırakma, terketme. Bir fikir veya iddianın doğruluğunu kabul etme. Sığınma.

Teşrih: Kesme, parçalama, ayırma. İyice araştırıp ortaya çıkarma. İncelemek için cesedi parçalama.

Teşrin: Ekim ayı. İlk teşrin Ekim, son teşrin Kasım ayıdır.

Tevekkül: Rıza gösterme, oluruna bırakma. Elinden geleni yapıp, kaderine razı olma.

Tevfik: Allah'ın yardımı.

Tevhid: Allah'ın birliğine inanma. Birkaç şeyi bir araya getirme. İmanın şartlarından birincisidir.

Tevkir: Saygı gösterme. Ağırlama.

Teym: Hizmetçi, köle.

Teymallah: Allah'ın kulu, Allah'a köle olan. Allah'ın dinine hizmet eden.

Tezcan: Çabuk, hızlı, canı tez.

Tezer: Çevik, atik, hızlı erkek.

Tezeren: Çabuk, hızlı ulaşan, erişen.

Tezkan: Hızlı, atik, tezcanlı, gayretli, heyecanlı kimse.

Tibet: Türkistan'ın güneyinde Himalayalarda bir ülke. Çin'e bağlıdır.

Tilmaç: Dilmaç, tercüman. Yazı ve konuşmaları başka dile çeviren.

Timuçin: Sağlam demir, sert çelik.

Timur: Demir.

Timurcan: Demir gibi sağlam kimse. Sıhhatli.

Timurhan: Demir gibi sağlam hükümdar.

Timurkan: Sağlam soydan gelen.

Timurtaş: Demir gibi sağlam.

Tinkut: Özü uğurlu, şanslı, talihli kimse. Varlığı mübarek olan.

Togay: Altınordu hakanlarından biri.

Tokay: Dere boylarındaki sık ağaçlık ve çalılık yerler.

Tokcan: Gözü, gönlü tok kimse. Tamahkar olmayan, dışarıda gözü olmayan.

Toker: Gözü, gönlü tok yiğit. Kanaatkar erkek.

Tokta: Yaşama.

Toktahan: Yaşamış, zindeleşmiş, sıkıntıdan kurtulmuş han.

Toktamış: Durmuş, yaşamış.

Toktimur: Sağlam, sert demir.

Tokuşhan: Savaşçı hükümdar. Cepheden cepheye koşan, devamlı savaşan.

Tola: Korkusuz, güçlü. Keyif, neşe. Boş olmayan. Dolu. Ağzına kadar doldurulmuş.

Tolay: Dolun ay.

Tolga: Miğfer. Demir başlık.

Tolgahan: Çevresinde sevilen, sayılan güçlü hükümdar.

Tolgay: Tolgalı ve ay yüzlü.

Tolun: Dolun, bedir. Ayın tam ve bütün oluşu.

Tolunay: Ayın dolun vakti, tam ve bütün hali.

Tomurcuk: Açılmamış çiçek veya bitki filizi.

Tonguz: Deniz, umman, büyük su birikintisi, okyanus.

Topaç: Top gibi, altı sivri, üstü şişkin kırbaçla döndürülen çocuk oyuncağı. Semiz ve hareketli çocuk.

Topak: Top gibi yuvarlak, çok besili.

Toparlak: Top cephanesi arabası. Eni boyu bir oval veya çember şeklinde olan. Yuvarlak.

Topçu: Orduda top silahı kullanan sınıf.

Topel: Top kullanan, topla ilgili çalışan, topçu sınıfından olan.

Toper: Topçu sınıfından olan er, top gibi dinamik, şiddetli, aksiyon sahibi.

Toprak: Karaları meydana getiren katı maddelerin ufalanmasıyla oluşan madde.

Topuz: Yuvarlak, küre gibi, sapı ağırca savaş aleti. Gürz.

Toraman: Güçlü, kuvvetli.

Torcan: Mahcup, utangaç, çekingen. Haya eden.

Torgay: Tarla kuşu, çayır kuşu.

Torhan: Onurlu, gururlu hükümdar.

Torlak: Boylu, yakışıklı, güzel, gelişkin genç, acemi toy.

Torumtay: Yırtıcı bir kuş. Güçlü, hızlı, sabırlı, nazik, kibar.

Tosun: Sütten kesilen ilk süt dişini düşüren erkek dana. Güçlü sağlıklı genç.

Toyboğa: Genç boğa. Hızlı, atik, cevval, boğa gibi olan. Güçlü, acemi, bilgisiz.

Toycan: Genç toy, acemi, tecrübesiz kimse.

Toydemir: Acemi, tecrübesiz, güçlü, kuvvetli genç.

Toygar: Çayır kuşu, tarla kuşu.

Toygun: Çakır doğan, genç delikanlı.

Tozan: Kar veya yağmurun ince savrularak yağışı, tozlu yer.

Tozun: Asil, soylu. Saygıdeğer şerefli insanların soyundan gelen.

Tökmen: Yakışıklı erkek. Güzel insan. Gölü sakin olan kimse.

Tölek: Çok genç, kabadayı, efe.

Törel: Töre ile ilgili, töreye uygun olan.

Tözel: Kök ile ilgili, ana bünye ile ilgili. Öz, can, ruh ve cevherle ilgili.

Tözer: Erkeklerin iç güdüsü, iç dünyası. Doğal istek ve arzuları.

Tözüm: Mütevazi, sabırlı.

Tufan: Afet, felaket. Çok yağışın olması ve her tarafı sel basması. Nuh (a.s.) Peygamber zamanında dünyanın suya garkolması. Şiddetli yağış, fırtına..

Tugay: Alaydan büyük askeri birlik. Tuğlu ve ay yüzlü.

Tuğalp: Tuğ almayı hak etmiş kahraman.

Tuğbay: Tuğ almayı hak etmiş erkek. Eski Türklerde Albay.

Tuğcu: Tuğ taşıyan veya tuğ yapan.

Tuğra: Osmanlı padişahlarının imzası.

Tuğral: Tuğraya dair. Tuğrası olan.

Tuğrul: Efsanevi kuş. Kanatları açık doğan. Ak, çakır doğan.

Tuğsal: Tuğ ile ilgili.

Tuğser: Baştuğ, en öndeki, en baştaki tuğ.

Tuğtekin: Tuğu olan şehzade. Büyük Selçuklulara bağlı Şam Atabeyi. Tuğtekinliler veya Börüler hanedanının kurucusu.

Tuleyha: Yalancı, alçak, küçük.

Tulga: Tola, demirden savaş başlığı, miğfer.

Tumanbay: Duman bey. Yavuz Sultan Selim ile mücadele eden Mısır Memlük sultanı.

Tuna: Görkemli, bol, bereket.

Tunacan: Tez canlı, gönlü zengin.

Tunahan: Görkemli han.

Tunakan: Soylu, görkemli.

Tunca: Meriç ırmağının bir kolu.

Tuncay: Tunç gibi sağlam, ay kadar güzel.

Tuncel: Tunç gibi sağlam güçlü olan.

Tuncer: Tunç gibi sağlam yapılı ve karakterli yiğit.

Tunç: Bakır ile kalay karışımı sert maden.

Tunçkan: Sağlam soydan gelenlerin kanını taşıyan.

Tunçmen: Tunç gibi sert, sağlam, dayanıklı.

Tunçsoy: Tunç gibi sağlam soy.

Tunçtürk: Tunç gibi sağlam Türk.

Tunga: Kaplan cinsinden yırtıcı bir hayvan.

Turaç: Sülüngillerden erkeği mahmuzlu av kuşu.

Turak: Durak, emniyetli yer, sığınak.

Tural: Turlayan, dönen.

Turalp: Genç, yiğit ve kahraman.

Turahan: Turası olan, tuğralı padişah.

Turan: Cesur, yiğit.

Turbay: Koruyan, muhafaza eden kimse.

Turgay: Büyük çayırkuşu.

Turgut: Yerleşim merkezi, belde.

Turhan: Tuğralı olan han. Soylu, seçkin ve onurlu han.

Turkan: Muhafız, koruyucu.

Tuyan: Semiz, şişman, kibirli, gururlu, onurlu. Dikbaşlı.

Tuygun: Hassas, duygulu. Şımarık. Kuvvetli, sağlam.

Tutku: İhtiras, iptila, düşkünlük.

Tutkun: Tutulmuş, bağlanmış, düşkün, muhabbetli. Müptela. Hareketlerinde ahenk olmayan felçli.

Tuygan: Doğan. Duyan, kulağı delik.

Tuyuğ: Eski edebiyatımızda dört mısradan oluşan nazım şekli.

Tüblek: Asil, soylu.

Tülek: Yeni tüylenen. Hafif tüylenmiş kuş veya hayvan yavrusu. Sakin, ağırbaşlı kişi.

Tümbay: Tam, olgun kimse.

Tümcan: Tamamı candan, herşeyiyle samimi.

Tümen: Askeri birlik. Pek çok. Küme, sürü. Öbek. Yığın.

Tümer: Tam techizatlı asker.

Tümerk: Tamamen hür, bağımsız.

Tümay: Top gibi yusyuvarlak.

Tümbay: Eksiksiz zengin.

Türkay: Ay gibi ışıklı, nurlu Türk.

Türkcan: Türklerin fıtri yapası gereği canlı, diri, sağlam.

Türker: Türk yiğidi, erkeği.

Türkkan: Türk soyundan gelen, Türk kanı taşıyan.

Türünk: Çalışan, faaliyette olan.

Tüvan: Güç, kuvvet, takat.

Tüzel: Hükmi, hukuki.

Tüzeman: Töreyi, hukuku gözeten, adil olan.

Tüzmen: Doğru, güvenilir, itimat edilen.

Tüzümen: Yumuşak huylu, sakin tavırlı kimse.

Tüzün: Yumuşak huylu. Halim selim kişi.

Tüzünbay: Yumuşak huylu, sakin tavırlı erkek.

T

Kız Adları

Tabende: Işık veren, parlayan.

Tabiye: Düzeltme, düzenleme, yerli yerine koyma.

Tacıser: Baştacı, çok sevilip itibar edilen.

Taçnur: Nurdan, taç giyen.

Tahire: Temiz, pak.

Tahiyye: Hayır dua etme, hayır dileme.

Tahrime: Namaza giriş, girişteki tekbir.

Tahsine: Beğenme, güzel bulma.

Taibe: Tövbe eden.

Takrine: Yaklaştırma, beraber bulundurma.

Talia: Doğan, ufuktan görünen, tulu eden. Meydana çıkan. Kısmet, kader, talih, baht.

Talibe: Talep eden, isteyen, istekli.

Taliha: Kader, talih, şans, kısmet.

Tamgül: Eksiksiz güzel, güler yüzlü.

Tanay: Ay gibi parıltılı.

Tanegül: Bir adet gül, biricik gül.

Tanfer: Şafak ışığı.

Tangül: Sabah açan gül.

Tangülü: Sabah erken açan gül.

Tanla: Sabahla, şaşırma.

Tansel: Şafağa, sabaha ait. Güneşin ilk ışıklarının sel gibi yayılışı.

Tanseli: Şafak vaktinin ışık demeti.

Tansu: Şafakta akan, fışkıran su.

Tanyel: Tan yeri ağarırken esen yel.

Tanyeli: Tan yeri ağarırken esen yel.

Tanyeri: Güneşin doğduğu yer.

Tanyıldız: Çoban yıldızı. Çolpan, venüs, zühre yıldızı.

Taravet: Gençlik, güzellik, tazelik.

Tasvir: Yazıyla anlatma, resmini yapma, nakış.

Tayyibe: İyi, hoş, güzel, helal temiz.

Tazegül: Dalından yeni koparılmış körpe, canlı gül.

Tazime: Saygı gösterme, hürmetli olma. Saygılı, hürmet eden.

Teberra: Uzak durma, sevmeyip yüz çevirme.

Tebessüm: Gülümseme.

Tehiyye: Selam verme. İyiliğini Allah'tan isteme. Mülk, varlık.

Tefire: Üst dudağın ortasındaki çukurluk.

Tehdiye: Hediye verme.

Tekay: Ay yüzlü, biricik.

Tekgül: Biricik, eşsiz gül.

Tekrime: Saygılı olma, saygı gösterme.

Telmiye: Renk renk ayırma. Parıldama, parıldatma.

Telvin: Renk verme, boyama, boyanma.

Temaşa: Seyretme, bakma, gezme, eğlenme.

Temdiha: Fazla övme, mübalağalı övme. Meddahlık.

Temenna: İşaretle selam verme, elle selamlaşma.

Temime: Nazar boncuğu, nazarlık. Heykel.

Tennur: Teni nur gibi temiz, parlak. Tandır, ateş yakılan yer.

Tensiye: Unutturma.

Tenzile: İndirme.

Terane: Rübai, terennüm, ahenk, makam. Şiir veya şarkıları usulünce okuma.

Teren: Bir çeşit gül çiçeği.

Tesliye: Avutma, teselli etme.

Tesim: Cennette içilecek ırmaklardan biri.

Tesriye: Sıkıntıyı, kederi yok etme.

Tesfiye: İyileştirme, şifalandırma.

Teşnedil: Candan, gönülden istekli.

Tetliye: Adağını yearine getirme.

Tevhide: Dinin birliği, birleştiriciliği. Allah'ın birliğini kabul etme ve inanma.

Tezay: Eli çabuk, hamarat.

Tezel: Hamarat. Eli çabuk.

Tıraz: Sırma ve ipekle işleme. Zinet, süs. Üslup, tarz, yöntem.

Tican: Taçlar.

Tilek: Dilek, istek, murat, arzu.

Tijen: Çok keskin, kesen.

Tomris: Demir akıllı, sağlam akıllı.

Tomurcuk: Açılmamış bitki filizi, henüz açılmamış çiçek.

Tuba: Cennetteki ağaç.

Tuğçe: Küçük tuğ. Başı tuğlu.

Tuhfe: Hediye, armağan.

Tula: Boyunun ön tarafi. Bir şeyin konduğu yeri tam doldurması.

Tulca: Tül gibi yarı şeffaf, silüeti görünen kadın.

Tuluğ: Ayna. Gök cisminin doğudan görünmesi.

Tuluay: Ayın doğuşu.

Tumay: Sessiz, sakin.

Tunay: Ay yüzlü güzel.

Tunca: Meriç ırmağının bir kolu.

Turna: Kazdan iri göçebe av kuşu. Güney yarım küresinde uçan kuşa benzer yıldız kümesi.

Turra: Kıvırcık saç lülesi, alından sarkan kakül.

Turre: Kıvırcık saç lülesi.

Tuti: Papağan, konuşan kuş. Konuşmayı seven, konuşkan.

Tutku: Sevgi, aşk, hayranlık.

Tutkun: Tutulmuş, bağlanmış. Düşkün, inmeli, felçli.

Tuygan: Duygulu, duyan. Kulağı delik. Başalarının duymadığını duyan.

Tuyuğ: Dört mısradan oluşan nazım şekli.

Tülay: Tül gibi ince, ay gibi parlak ve ışıklı.

Tülek: Sakin, ağırbaşlı, akıllı.

Tülin: Yumuşak. Yanak. Ayna.

Tülün: Ayın etrafındaki ışık çevrintisi.

Tümay: Dolunay, bütün ay. Ayın ondördündeki hali.

Tünay: Aylı gece.

Türkan: Kraliçe.

Tüvana: Güçlü, kuvvetli.

Tüvme: Gümüşten yapılan ufak inci gibi toplar.

Tüzün: Asil, soylu, sakin, yumuşak huylu.

U

Erkek Adları

Ubad: Her nesnenin muazzamı, her şeyin büyüğü. Taşkın, coşkun su, taşkın sel. Cemaat, topluluk.

Ubeyd: Küçük kul.

Ubeydullah: Allah'ın kulu.

Ucaer: Ulu, yüce, en büyük.

Uçar: Uçabilen, uçan, uçucu.

Uçbeyi: Sınır birliklerinin komutanı. Sınırı kontrolü altında tutan. Hakana bağlı yarı bağımsız bey.

Uçkan: Uçabilen. Deli dolu, başı yüksekte, havai, toy delikanlı.

Uçman: Uçan, uçucu, pilot. Meslek ve sanatı uçmak olan kimse.

Ufki: Ufukla ilgili, ufka ait. Ufka paralel durumda olan.

Ufuk: Yerle göğün birleşir gibi göründüğü çizgi.

Ufuktan: Tan atarken ufkun ışıklı yeri.

Ugan: Herşeye gücü yeten, kadir.

Uğraş: Mücadele, çalışma, uğraşma, kavga, savaş. Meşguliyet ve meslek.

Uğrun: Saklı, gizli, gizlice.

Uğur: İyilik, hayır, bereket, saadet kaynağı.

Uğural: İyilikler, hayırlar getir. İyilik, hayır al.

Uğuralp: İyilikler, hayırlar getiren yiğit.

Uğurata: Uğur getiren, hayırlı olan ata, ihtiyar.

Uğurcan: Can uğur, uğurlu can.

Uğurel: Uğurlu el. Eli uğurlu, bollek bereket getiren el.

Uğurhan: Uğurlu han.

Uğurkan: Kanı uğurlu. Hayırlı bir soydan gelen.

Uğurlu: Şanslı, kısmetli, talihli, kutlu. Uğur getirdiği kabul edilen.

Uğurol: Ailenin uğuru, bereketi ol.

Uğursal: Uğurla ilgili, uğura ait.

Uğursan: Herkesin uğurlu olarak tanıdığı.

Uğursoy: Uğurlu soydan gelen.

Ukbe: Nöbet, çorba bakiyesi.

Ukul: Akıllar.

Ulaç: Bağ, bekleme, sınır.

Ulaçhan: Sınır boylarındaki han.

Ulak: Haberci, posta tatarı, postacı, yakın, bitişik ulanmış.

Ulaş: Yetiş, eriş, kavuş. Bitişme, bitişiklik.

Ulubaş: Yüce, büyük baş, rütbesi yüksek, saygın kimse.

Ulubay: Yüce, büyük kimse.

Ulubek: Yüce, büyük bey.

Uluberk: Kuvvetli şimşek.

Ulucan: Erdemli, saygın, yüce kişi.

Uludağ: Yüksek, büyük, yüce dağ. Bursa'daki dağın adı.

Uludoğan: Doğuştan yüce olan.

Uluer: Büyük, yüce, saygı duyulan erkek.

Uluğhan: Büyük, yüce hükümdar.

Ulusan: Adı yüce, büyük, tanınmış.

Ulusoy: Yüce, büyük soydan gelen.

Ulutan: Büyük, mübarek kutsal günün tan ağarması.

Ulutay: Büyük yüce tay. Manevi yönden uğurlu, kutlu gelen tay.

Ulutekin: Yüce, büyük şehzade.

Ulvan: Övünme, mektup veya yazı başlığı.

Ulvi: Yüce, ulu, yüksek.

Uman: Umit eden.

Umar: Zanneder, ümid eder, arzu eder, bekler. Umulan, beklenen.

Umur: Tecrübe, bilgi, görgü, deneyim. Muktedir.

Umural: Tecrübe, bilgi, görgü, deneyim kazan.

Umuralp: Tecrübe, bilgi, görgü,deneyim sahibi yiğit kahraman.

Umurbay: Tecrübe, bilgi, görgü, deneyim sahibi kimse.

Umurbey: Tecrübe, bilgi, görgü, deneyim sahibi bey.

Umran: İmar eden, şenlendiren, mutluluk veren.

Umut: Ümit.

Unan: Hak, bağlılık, sadakat. İyileşen, zenginleşen.

Ungan: Mutlu olmuş, zenginleşmiş, yiğit, cesur kişi.

Unsur: Öğe, ilke, eleman. Bir şeyi meydana getiren, esas olanlar. Ana parçalar.

Ural: Uğurlu.

Uralp: Köyünün, oturduğu yerin en yiğit ve cesur erkeği.

Uraltan: Urallarda tan atması, bölgesinin hakimi.

Uraltay: Urallardaki köy veya tay.

Uram: Cadde, büyük ve geniş yol.

Uran: Vuran, vurma işini yapan.

Uraz: Baht. Şans. Mutluluk.

Uraza: Hediye, armağan, konuğa çıkarılan yiyecek.

Urcan: Uğurlu, bahtı açık.

Urhan: Yüksek rütbesi olan.

Urkan: Kale etrafına kazılan hendek, korunaklı yer, şehir.

Urluk: Nesil, soy, aile, tohum.

Uruç: Yükselme, göğe çıkma.

Uruğ: Soy, sop, kabile, Tane, tohum.

Uruk: Kabile, soy, nesil, tane, tohum. Irklar, kökler, damarlar.

Uruz: Gaye, hedef, amaç.

Urve: Sağlam kulp, yapışılacak sap. Arslan. Güvenilen. Kışın yeşil kalan ağaç.

Usal: Keyfine, rahatına düşkün. Kedersiz, gamsız. Akılla ilgili, akli.

Usalp: Akıllı, yiğit, kahraman kişi.

Usbay: Akıllı, saygıdeğer kişi.

Usberk: Akılı. Parlak. Çabuk karar verebilen.

Usbey: Akıllı bey.

User: Akıllı erkek.

Ushan: Akıllı hükümdar.

Uskan: Akıllı soydan gelen.

Usluer: Akıllı, sakin, olgun erkek.

Usman: Akıllı, zeki kimse.

Utbe: Sahabilerden bazılarının adı.

Utkan: Şerefli soydan gelen, düşmanı yenmiş, muzaffer.

Utku: Zafer.

Utman: Utangaç, edepli, terbiyeli.

Uyar: Boyun eğen. Uysal kimse. Uygun olan.

Uygan: Uysal, uyan, uyumlu.

Uygar: Medeni, kültürlü, eğitimli.

Uygun: Uyar, yaraşır, yakışır. Benzer, elverişli, münasip, mutabık, muvafik.

Uyguner: Uyar, yaraşır, yakışır erkek. Bir işe münasip görülen kişi.

Uyun: Kaynaklar, pınarlar.

Uzalp: Becerikli, usta, temiz, akıllı, kahraman, yiğit.

Uzay: Kainattaki sonsuz boşluk.

Uzcan: Becerikli, usta, akıllı, uysal kişi.

Uzel: Becerikli, usta kimse.

Uzer: Becerikli, usta, akıllı erkek.

Uzhan: Akıllı, doğru hükümdar.

Uzkan: Akıllı, becerikli soydan gelen.

Uzlet: Tefekkür ve zihinle meşgul olmak için bir kenara çekilme. İnsanlardan ve dünya işlerinden uzak durma. İnziva.

Uzluk: Ünlü filozof Farabi'nin dedesinin adı.

Uzma: Büyük, en büyük, yüce, ulu.

Uzman: Belli bir konu veya işte üstün bilgi ve becerisi olan.

Uzsoy: Doğru, temiz, akıllı soydan gelen.

Uztan: Duru, berrak gecede tan atması.

Utzay: Güzel, gösterişli tay.

Uztekin: Akıllı, temiz usta şehzade.

U

Kız Adları

Ubade: Kul, köle.

Ucale: Misafire konulan azık. Çift sürenin götürdüğü buğday ve arpa.

Ufeyra: Aslan, horoz gibi hayvanların baş tüycüğü, bakır esmeri kırmızılık veya karışık beyaz.

Uflaz: En güzel, en iyi, en üstün.

Uğan: Ulu, yüce, yüksek.

Uğanbike: Ulu, yüce, saygıdeğer hanım.

Uğra: Hamur açılırken yapışmaması için serpilen kalın un veya kepek.

Uğursal: Uğurunu yay.

Uğursel: Seller gibi uğur getiren.

Ulufer: Ulu ışık, yüce aydınlık, parlaklık.

Ulum: Ululuk, yücelik, büyüklük.

Ulunay: Ayın batarken yarısının batık görünüşü. Parlak, berrak ay.

Ulusan: Adı, sanı yüksek, saygı duyulan.

Uluşan: Ünlü, şöhretli, şanlı.

Ulviye: Yüce, yüksek. Göklerle ilgili, göksel.

Ulya: Çok yüce.

Umale: İşçinin işi karşılığında aldığı ücret, çalışma ücreti.

Uman: Ümit eden, bekleyen, bir şeyin olmasını arzu eden.

Umar: Ümit eder, bekler, olmasını arzu eder.

Umay: Şefkat meleği. Doğum yapan kadınlara yardım eden melek.

Umdu: Ümit etti, bekledi, arzu etti.

Umman: Engin deniz, okyanus.

Umran: Refah, mutluluk, ilerleme, bayındırlık.

Unat: Akıllı, doğru yolda olan.

Uran: Mahir, usta, becerikli, hünerli. Elinden her iş gelen. Eli her işe yatkın.

Uras: Şans, talih, kader.

Urcan: Kibar, zarif, ince.

Urve: Sağlam tutamak, kulp.

Urviyye: Dağ keçisinin dişisi.

Usare: Öz su, bir şeyin sıkılarak çıkarılan suyu.

Uslu: Akıllı, sakin, uysal. Başkalarını rahatsız etmeyen. Edepli, terbiyeli.

Usun: Üstün akıl. Acı, hüzün, gam, keder.

Uşve: Gece vakti uzaktan görünen ateş.

Utku: Zafer.

Utkugul: Zafer gülü.

Utufet: Nezaket, lütuf, şefkat.

Uysal: Akılla ilgili. Yumuşak başlı, uyumlu.

Uzafire: Katı, şiddetli.

Uzel: Usta, becerikli imse. Uzman olan. Her işe eli yakışan.

Uzlufe: Kayalık, yalçın kaya.

Uzme: Aşiret, akraba, aile, hısım.

Uzubet: Tatlılık, şirinlik.

Ü

Erkek Adları

Übey: Sahabiden Ka'b'ın adı.

Übeyd: Kul, köle, kölecik. Küçük köle. Küçük kul.

Übedyullah: Allah'ın küçük kulu.

Üftade: Düşkün, çaresiz. Aşık, tutkun.

Ülfer: Büyük ırmak, nehir.

Ülfet: Yakınlık, ünsiyet, alışma, kaynaşma, arkadaşlık, dostluk.

Ülgen: Büyük, ulu. Özdeyiş.

Ülgenalp: Ulu, yüksek, yiğit, cesur, kahraman.

Ülgener: Ulu, yüce erkek.

Ülke: Memleket. Milletin yaşadığı coğrafya. Vatan, yurt.

Ülker: Yedi yıldızdan oluşan küme..

Ülkü: Ulaşılmak istenen yüce amaç, ideal.

Ülmen: Denizci, deniz adamı.

Ümena: Emin kimseler, güvenilir insanlar.

Ümeyr: Bedir savaşında şehid olan sahabi.

Ümit: Umulan, arzu edilen.

Ümmet: Bir Peygambere inanan insanların hepsi. Topluluk, taife.

Ümran: Bayındırlık, medeniyet. Bolluk, refah, bereket. Şenlik, mutluluk.

Ünal: İyi bir isim ve şöhret kazan.

Ünalan: Ün almış, adı sanı duyulmuş, meşhur.

Ünaldı: Şöhret kazandı, iyi bir nam saldı.

Ünalmış: Şöhret kazanmış.

Ünalp: Ünlü, şöhretli, iyi isim yapmış yiğit.

Ünaltay: İyi isim yapmış, şöhret olmuş Altaylı. Ünlü kırmızı tay. Ünlü dağ.

Ünay: İyi isim yapmış ay yüzlü.

Üner: Ünlü erkek.

Üngün: Ünlü. Parlak gün.

Üngür: Ünlü.

Ünkan: Ünlü soydan olan, ünlü soydan gelen.

Ünlü: Ünü, şöhreti tanınmış olan.

Ünlüer: Ünü şöhreti tanınmış erkek.

Ünülol: Ünün, şöhretin tanınsın.

Ünlüsoy: Ünlü şöhretli soydan gelen.

Ünsaç: Ünlen, adın duyulsun.

Ünsal: Ünün, adın tanınsın, bilinsin.

Ünsan: Tanınmış, şöhretli.

Ünsev: İyi bir ad bırakmaya çalışan.

Ünsever: Tanınmayı sever.

Ünsi: Dost, arkadaş, alışmış, yakın.

Ünver: Şöhretini her yere ve herkese ulaştır.

Ünverdi: Her tarafta tanındı, duyuldu.

Ünveren: Her tarafta tanınıyor, duyuluyor.

Ünzil: Gönderilmiş. İnzal edilmiş, indirilmiş, tenzil edilmiş.

Üsame: Davar otlatmak. Arslan. Peygamberimizin azad ettiği köle.

Üstad: Öğretici, hoca. İlim ve sanatta üstün, usta, tecrübeli.

Üstay: Üstteki ay gibi yüksek, ulu.

Üstek: Üstte, yüce, yüksek.

Üstel: Üstte, yüce, yüksek olan kimse.

Üstün: Galip, yenmiş, benzerlerinden üstte, yüksekte oturan kişi.

Üstünbay: Galip, yenmiş. Benzerlerinden üstte olan kimse.

Üstüner: Yüksek, büyük, üstün erkek.

Üveys: Kurtçuk, küçük kurtçuklar, böcek gibi kurtlar. Yemen'in Kan bölgesinden olduğu için Uveys el-Karn'i diye bilinen ve bizde Veysel Karani diye tanının tabiin büyüklerinden.

Üzeyir: Kur'anda adı geçen veli veya peygamber olduğu kesin olmayan zat.

Ü

Kız Adları

Übade: Coşkun akan sel.

Übülle: Bir miktar hurma.

Üfnun: Hal, nevi, çeşit. Saçma sapan söz, dedikodu.

Ükle: Lokma, yenin, bir yutuşta yutulan.

Üksüm: Çimeni çayırı güzel olan bahçe.

Ükule: Sürüden ayrılıp beslenen koyun.

Ülgen: Ulu, yüce, üstün. Uçmakta görevli melek. Cennet meleği Rıdvan.

Ülger: Kumaştaki ince tüyler.

Ülkan: Görkemli, büyük.

Ülkem: Yurdum, vatanım, toprağım.

Ülken: Senin yurdun, vatanın, toprağın.

Ülkenur: Vatanı aydınlatan ışık.

Ülgül: Yaban yoncası, tirfil.

Ülfer: Irmak.

Ülfet: Dostluk.

Ülker: Ülker yıldızı. Yedi yıldızdan oluşan küme.

Ülküm: Benim idealim, gayem.

Ülküsel: Ülkü ile ilgili, ülküye ait. Ülkü yüklü olan.

Ülüfer: Nilüfer. Sarı ve beyaz çiçekli yaprakları su üzerinde, kökü dipte bir bitki.

Ümame: Annelik. Peygamberimizin (s.a.v.) kızı Zeynep'ten olan torununun adı.

Ümeyme: Annecik, küçük anne.

Ümduha: Methedilmeye sebep olan hal veya iş.

Ümmiye: Anne ile ilgili, anneye ait.

Ümmügülsüm: Gülsüm'ün annesi. Yuvarlak, dolgun yüzlü. Peygamber (s.a.v.) Efendimizin kızının adıdır.

Ümmühan: Padişahın annesi.

Ümran: Medeniyet, imar edilmiş. Şen, bayındır. Mutluluk, bolluk, bereket.

Ünsa: Kız, kadın.

Ünsal: Ününü yay.

Ünsay: Ününle saygın ol.

Ünsevin: Ünlen, ünün yayılsın, sevinilecek ünün olsun.

Ünsiye: Alışmış, yaklaşmış, dost, arkadaş. Sokulgan, girgin. Cana yakın.

Ünver: Tanınmış, ün vermiş.

Ünzile: Nazil olmuş, indirilmiş, gönderilmiş. Yüksekten inmiş.

Üren: Nesil, üreme, çoğalma.

Ürengül: Çoğalan, çiçek açan gül.

Üsfiye: Üzerine tencere konup yemek pişirilen ocaktaşı.

Üşkufe: Çiçek.

V

Erkek Adları

Vabil: İri taneli yağmur.

Vacip: Dinen yapılması gerekenli olan.

Vacit: Bulan, yoktan var eden. Aşık.

Vaciz: Kısa, özet. Özlü.

Vad: Oğul. Erkek evlat.

Vafi: Yeten, sözünde duran.

Vafid: Elçi, temsilci.

Vafir: Birçok, bol, çok. Çok bol olan.

Vahap: Cömert.

Vahat: Çöl ortasındaki vahalar.

Vahdet: Birlik, teklik.

Vahdettin: Dinin birliği.

Vahib: Bağışlayan, bağışlayıcı. Hibe eden, ihsan eden.

Vahit: Bir, tek.

Vahideddin: Bkz. Vahdettin.

Vahyi: Vahiyle ilgili.

Vaid: İyiliğe sevk, kötülükten men etmek için cehennemi haber vererek korkutmak.

Vail: Kurtulan. Sığınan.

Vakad: Alevlenen, ateş, yanmak, tutuşmak.

Vakar: Ağırbaşlılık, sabırlılık, kişiliğini korumak. Temkin, sabır, heybet.

Vakıd: Ateşçi, ateş yakan, zeki, çalışkan olan kimse.

Vakıf: Bir iş ve konuyu çok iyi bilen, haberdar oan. Hayırlı işlerde kullanılmak üzere yapılan bağış. Ayakta duran, duruş, durak, durma.

Vaki: Gerçekleşen. Rastlayan. Düşen. Olabilen. Geçen, geçmiş olan.

Vakkas: Savaşçı.

Vakur: Ağırbaşlı, dikkatli, temkinli, vakarlı.

Vala: Yüce, seçkin.

Valaşan: Şanlı, yüce.

Valid: Baba. Çocuğu olan şahıs.

Vamık: Seven, aşık, tutkun.

Varis: Akıl, zeka, anlayış. Mirasçı. Miras almaya hakkı olan. Zengin, servet sahibi. Allah'ın sıfatlarından.

Varid: Vasıl olan, yetişen, gelen. Söylenti, söylenen, olan. Vücrud eden.

Varlık: Kainatta yer kaplayan herşey. Var oluş hali. Mevcudiyet.

Varol: Sağ ol, çok yaşa.

Vasfi: Vasıflı, nitelikli.

Vasıf: Vasıfları, nitelikleri belirten.

Vasık: Güvenilen, itimat edilen, emin.

Vasıl: Erişen, kavuşan.

Vasi: Geniş, açık.

Vassaf: Vasıflandıran, vasıflarını sayarak öğen. Medheden.

Vassal: Vasıl eden, ulaştıran, kavuşturan. Birleştire, bağlayan.

Vatan: Kişinin doğup büyüdüğü yer. Ülke, yurt, yaşanılan coğrafya.

Vazıh: Açık, ayan, aşikar, belli. Kapalı gizli olmayan. Aydın, kolay anlaşılır.

Vecdet: Vecdli, coşkun, zengin.

Vecdi: Vecde, ilahi aşka gelen, kendinden geçen.

Vecid: Vecdle, heyecanla ilgili. Vecd sahibi. İlahi aşka tutulmuş.

Vecih: Güzel görünüşlü, hoş, layık, uygun.

Veciheddin: Dinin vecihi, dinin büyüğü, hürmetli kişisi. Şerefi, itibarı.

Vecihi: Yüce, ulu, asil.

Vedat: Sevgi, dostluk.

Vedi: Başkasının malını saklamakla görevli olan emanetçi.

Vedid: Sevgisi çok olan. Ahbab, dost, sevilen kimse.

Vedud: Çok merhametli. Kendisine çok sevgi beslenen. Allah'ın sıfatlarından.

Vefa: Sözde durma, dostluktan ayrılmama.

Vefai: Vefa ile ilgili. Bağlılık. Vefaya ait. Vefaya dair.

Vefi: Vefa duygusu olan, sözünü yerine getiren.

Vefik: Uygun, muvafık, arkadaş. Aynı düşüncede olan.

Vefir: Az olmayan, çok, bol, ziyade olan.

Vefret: Çokluk, bolluk, ziyadelik.

Vehb: Hibe, bağış, vergi.

Vehbi: Allah'ın doğuştan verdiği yetenek.

Vehhab: Çok fazla ihsan eden, çok bağışlayan. Çeşitli nimetlerden daima bağışlayan. Allah'ın sıfatlarından.

Vehhac: Çok parlayan, parıltılı, alevli.

Vehham: Çok şüphe eden, vehimli. Kuruntulu.

Vehhas: Arslan.

Vehic: Ateşin sıcaklığı, harareti. Yakıcı gücü.

Vekil: Birinin işini görmesi için yerine bırakıp yetki verdiği kimse. Kendisini vekil eden kullarının işlerini daha iyi gören. Allah'ın sıfatlarından.

Vekir: Yuvasına giren kuş.

Vela: Efendinin köle ve cariyesinin üzerindeki hakkı. Sahiplik. Yakınlık. Ünsiyet.

Veladet: Doğmak, ortaya çıkmak, dünyaya gelmek. Doğum.

Veli: Allah'ın himayesine kavuşmuş. Yol gösterici.

Velican: Candan dost olan, yakın olan. Riyasız, samimi dost.

Velid: Çocuk.

Veliyullah: Allah'ın kulu, Allah yonuda yürümüş, veli olmuş olan. Allah'ın sevdiği kişi.

Veliyuddin: Dinin dostu, dine sahip çıkan. Dinin veli kişisi.

Velu: Bir şeye düşkün olan, bir şeyin üstüne düşen. Bir şeyin tutkunu, tiryakisi.

Vemiz: Bulut arasından görünen ışık.

Vera: Arzı örten mahlukat, yaratılmış olanlar. Takva, ittika, şüpheli şeylerden kaçınma.

Verev: Karşı köşeler yönünde kesilmiş veya katlanmış olan.

Verim: Semere, bir işten elde edilen sonuç, randıman. Üretim, mahsum.

Verka: Yabani güvercin, açık boz renk.

Verrak: Kağıtçı, kağıt yapan veya satan.

Verşan: Yaban güvercini, erkek kumru.

Veyis: Yoksulluk, muhtaçlık.

Veysel: Doğrusu Üveys el-Karni'dir. (Veysel Karani). Tabiinden, Yemen'li, Peygamber ışığı büyük veli.

Veysi: Fakir, ihtiyaç sahibi.

Vezir: Devlet işlerinde görevli bakan, vezir.

Vicahi: Yüzyüze olan, karşılıklı. Yüzleşme. Vasıtasız görüşme.

Vicar: Sel oyuğu, vahşi hayvan ini.

Vidad: Sevme, dostluk, sevgi.

Vikaf: Vakıf olma, durmak.

Virad: Yol. Güller.

Visali: Kavuşma, erişme, ulaşma.

Visam: Nişanlanmış, damgalanmış. Belli edilmiş.

Volkan: Yanardağ.

Vukuf: Bir şeyi bilme, öğrenmiş olma. İç yüzünü anlama.

Vural: Emeğinle kazan.

Vuralhan: Emeği ile kazanan önder kişi.

Vurgun: Vurulmuş, sevdalı. Kanun dışı yollardan elde edilen haksız kazanç.

Vürud: Geliş, gelme.

Vüzub: Lüzumluluk, icabet etme, gereklilik.

V

Kız Adları

Vabile: İri damlalı yağmur. Deli yağmur.

Vacibe: Yapılması gerekli olan. Herkesin yapması icap eden.

Vacide: Vücuda getiren, bulan. Tutkun. Zengin, varlıklı.

• **Vacife:** Istırap çeken, korkan, sallana sallana yürüyen.

Vacize: Kısa. Öz.

Vafire: Fazla, çok, bol.

Vafiye: Yeterli.

Vahdiye: Vahdetle ilgili.

Vahibe: Hibe eden, bağışlayan.

Vahide: Bir, tek, biricik.

Vahine: Kaburga kemiklerinin kısaları.

Vaize: Kadınlara vaaz eden kadın, hoca hanım.

Vakıa: Geçmiş olan, geçen. Olagelen. Rastlayan.

Vakfe: Durak, durulacak yer. Hacıların Arafat'taki tevakkufları.

Valayi: Yücelik, yükseklik.

Valihe: Hayret etmiş, şaşmış.

Vamıka: Sevdalı, aşık.

Valibe: Evvelki ekinin kökünden biten ekin.

Valide: Ana, anne.

Vara: Haramdan sakınmak,

Vargın: Zeki, çabuk sonuca varan. Hedefine varmış, amacına ulaşmış.

Vasafe: Hizmetkarlık

Vasfiye: Vasıflı, nitelikli.

Vasıfe: Bir kimse ya da bir şeyin kendine has niteliği. Vasfeden, öğen, bildiren.

Vasıla: Ulaşan, kavuşan, yetişen.

Vasile: Geniş yer, ucuzluk, imaret.

Vazahat: Açıklık, anlaşılırlık, tereddüt bırakmayacak şekilde.

Vecahet: Güzellik.

Vecdiye: Vecde gelmiş, coşmuş.

Vecibe: Görev, ödev, vazife.

Vecihe: Güzel görünüşlü, hoş. Asil.

Vecize: Derin anlamlı, özlü söz.

Vecne: Elmacık kemiği.

Veda: Ayrılma, ayrılırken söylenen söz.

Vedia: Emanet.

Vedide: Dost, sevgili.

Vefia: Verdiği söze sadık kalan.

Vefika: Arkadaş, yoldaş.

Vefra: Eksilmeyip değişmeyen. El değmemiş ot.

Vehbiye: Bağış, hediye. Doğuştan yetenekli.

Velayet: Sadakat, dostluk, arkadaşlık.

Velide: Yeni doğmuş çocuk.

Velime: Düğün ziyafeti. Düğün. Evlenme töreni.

Venüs: Çoban yıldızı. Yıldız parıltılı güzel.

Vera: Haram ve günahtan kaçınmak için şüpheli şeylerden uzak durma.

Verda: Gül.

Verdinaz: Nazlıların gülü.

Vergin: Eli açık.

Veriha. Çok sıvı, akıcı.

Verşan: Yaban güvercini.

Verze: Meslek, sanat.

Verzide: Ekilmiş.

Vesamet: Hoşluk, güzel olma, güzellik.

Vesika: Belge, sağlam delil.

Vesile: Sebep, vasıta.

Vesime: Güzel yüzlü.

Vesia: Üstüne ipek sarılan ağaç.

Veşme: Yağmur tanesi.

Vezile: Cilalı, parlak para.

Vezire: Hanım bakan.

Vicdan: Din, inanç, his, duygu. Kişinin davranışlarını iyi yönde kullandıran, kendi içinde muhakeme ve muhasebesini yapan manevi duygu.

Vidade: Sevgi, dostluk, sevme.

Vildan: Kullar, köleler, yeni doğmuş çocuklar.

Vuska: Çok kuvvetli, güçlü.

Vusla: Bir şeyi başka bir şeye ekleyen, bitiştiren, ulayan.

Vuslat: Kavuşma.

Vürka: Siyahı fazla olan bozluk.

Vüreyka: Küçük yaprak.

Vüsema: Güzel yüzlüler. Damgalılar. Dağlanmış olanlar.

Y

Erkek Adları

Yaban: Çöl, sahra, başka memleket. İskan edilmemiş, ıssız, kır. İnsansız yer. Yazı, tarla.

Yabar: Güzel kokulu, mis kokulu. Kokusu hoşa giden.

Yafes: Nuh Peygamber'in üçüncü oğlu.

Yağın: Arka, sırt. Yağmur. Yiğit. İki kürek arasında kalan sırt bölgesi.

Yağış: Havadaki su buharının katılaşıp yere yağmur, kar ve dolu şeklinde düşmesi.

Yağız: Parlak, siyah, kızıl ile kara arası renk.

Yağızalp: Parlak siyah saçlı esmer yiğit.

Yağızbay: Yağız, zengin.

Yağızer: Yiğit yağız.

Yağızhan: Esmer, zayıfça, uzun boylu hükümdar.

Yağmur: Bulutlardan yağan su. Rahmet. Bolluk.

Yahşi: İyi, güzel. Becerikli, tecrübeli. Yakışan, yaraşır. İyilik yapan.

Yahşibay: Saygı duyulan, cömert kimse.

Yahşihan: Saygı duyulan hükümdar.

Yahya: Canlı, yaşayan.

Yakup: Takip eden. Kur'anda adı geçen peygamber.

Yakut: Parlak, kırmızı renkli değerli taş.

Yakzan: Açıkgöz, uyanık, parlak.

Yalap: Parıltı, ışıltı, şimşek. Sarı renkli bir kuş.

Yalaz: Alev, ateş. Bayrak. Alev dili.

Yalaza: Alev. Ateş. Ateş dili.

Yalayaz: Ayın alev renkli olduğu hali.

Yalazan: Şimşek.

Yalçın: Pek dik, sarp, düz.

Yalçıner: Sert, yüksek karakterli erkek. Dikbaşlı kimse.

Yalçuk: Parlayan, parlayıcı, elçi.

Yaldırak: Parlak, ışıltılı, ak.

Yalkın: Hayal, serap, ılgın, ateş, alev.

Yalman: Kama, kılıç. Hafif eğik. Dik, sarp.

Yaltır: Parıldayan, ışıldayan, ışıyan, ışık.

Yaman: Çok yetenekli, becerikli.

Yamçı: Bir yüzü uzun, tüylü, kalın ve kolsuz giyilecek kepenek.

Yamur: Başının ortasında bir sürü boynuzları olan. Geyiğin erkeği.

Yanal: Irmak yatağı, bir yanda olan değişken renkli. Yana düşen.

Yanar: Yanma özelliği olan, parlayıcı, parıltılı, kaplıca.

Yanık: Yanmış, kararmış, esmerleşmiş. Duygulu, dokunaklı, acılı, etkili. Sıkıntı ve hastalıktan iyi gelişememiş. Hisli.

Yankı: Aks, sesin düz veya sarp bir yere çarpıp geri dönmesi.

Yaren: Dost, yasın arkadaş.

Yarkaya: Sarp, uçurumlu kaya.

Yarkın: Işıklı, ışıltılı, parıltılı, şimşek.

Yarlığ: Ferman, buyruk. Eski Türk hakanlarının emirleri.

Yarlık: Yarlığ, bağış, yasa, kanun.

Yarp: Sağlam. Sevinen insanın yüzünde beliren ışıltı.

Yasan: Tertip, düzen. Emare, iz. İstek, dilek. Ani baskın.

Yaser: Bolluk, bereket, varlık, zenginlik.

Yasin: Kur'an-ı Kerim'de bir sure adı.

Yaşar: Hayatını sürdürür anlamında.

Yatuk: Kullanılmayan, tembel, yatmayı seven. Kanun gibi yere yatırılıp çalınan sazların genel adı. Yatuğan da denir.

Yaver: Yardımcı, komutanların yanında onların emirlerini ulaştıran büyük rütbeli subay. Emir subayı.

Yavuz: Yürekli ve korkusuz. Sert, şiddetli, yaman, güçlü, çetin.

Yavuzalp: Mert ve yürekli yiğit.

Yavuzay: Güzel, iyiliksever yiğit.

Yavuzbey: Mert ve yürekli bey.

Yavuzcan: Mert, yiğit, iyi huylu kişi.

Yavuzer: Sert, şiddetli karakterli erkek.

Yavuzhan: Sert, şiddetli karakterli hükümdar.

Yaygın: Yayılmış olan, çok bilinen, herkesin bilip tanıdığı.

Yazgan: Yazıcı, yazan, katip, kalem işi, süs yapan.

Yegan: Tek, biricik.

Yehud: Yakup Peygamber'in oğlu Yahuda soyundan gelenler.

Yekru: İtimatlı, emin. Dost, iki yüzlü olmayan.

Yeksan: Düz. Hep beraber, her zaman.

Yekser: Tek başına, bir baştan bir başa, anidan.

Yekta: Tek, eşsiz, yalnız.

Yelal: Yel, esinti, rüzgar.

Yelbay: Koşan zengin kişi.

Yelda: Uzun ve siyah.

Yeldan: Süratli, hızlı. Yel gibi.

Yelen: Fırtına, istek, arzu.

Yeler: Çabuk, hızlı.

Yelkin: Koşucu. Yolcu. Misafir.

Yelmen: Hızlı, çevik, canı tez olan.

Yeltekin: Hızlı, çabuk. Canı tez, çevik şehzade.

Yemliha: Ashab-ı Kehf'ten birinin adı.

Yener: Galip olur, anlamında.

Yengi: Galibiyet, üstün gelme. Yenme.

Yergin: Kaygılı, hüzünlü.

Yersel: Bir yere özgü olan, yöresel. Yerel.

Yertan: Güneşin ılk ışıkları.

Yesar: Zenginlik, varlık. Kabenin sol tarafı, kuzey.

Yesari: Solla ilgili, sola ait, zenginlikle ilgili.

Yeten: İhtiyacı karşılayan. Kafi gelen. Yetişen, öndekine çatan.

Yetener: Olgun erkek. Delikanlılık çağına girmiş kimse.

Yetiş: Tam zamanında kavuş.

Yetik: Delikanlı, büyümüş, yetişmiş, zor işleri yapan. Becerikli. Erişmiş, olgun.

Yetkin: Mükemmel, kamil, gereken olgunlukta.

Yıldır: Parlayan, parlayıcı, ışık, düşmanı bezdirme.

Yıldıralp: Düşmanı yıldırtan, yiğit, cesur kahraman.

Yıldıran: Rakiplerini ürküten, korkutan.

Yıldıray: Çok ışıklı, parlak ay.

Yıldırım: Büyük ışık parlaması ve gök gürültüsüyle ortaya çıkan bulutlar arasında veya buluttan yere elektrik boşalması, salika.

Yılma: Doğru yoldan ayrılma, korkma, bezme. Azimli, kararlı ol.

Yılmaz: Zor şartlardan korkmayan, yılmayan.

Yiğit: Yürekli, cesur, gözüpek.

Yiğitcan: Yiğit kişi.

Yiğiter: Yiğit, cesur er (kişi).

Yiğithan: Yiğit, cesur hükümdar.

Yunus: Bir takım yıldızı. Güvercin. Bir peygamber.

Yolaç: Kılavuz, rehber, yol gösteren, delil.

Yoldaş: Yol arkadaşı, dost, arkadaş.

Yorga: Rahvanla eşkin arası at yürüyüşü.

Yoruk: Yaradılış. Gidiş, akma, yürüme.

Yönal: Yüzünü o tarafa çevir, yönünü al.

Yöntem: Kolay. Uygun. Metod. Yol, tarz, usul, sistem.

Yumuş: Hizmet, hizmet etme, çalışma, iş, güç.

Yunus: Gökte bir yıldız gurubu. Kur'anda adı geçen Peygamber.

Yurdabak: Yurdunu gözet, koru.

Yurdaer: Yurdunun fedakar eri.

Yurdahan: Yurdunda önder olacak kişi.

Yurdaışık: Yurda ışık saçan, ülkesini aydınlatan kişi.

Yurdakul: Yurt hizmetine adanmış kişi.

Yurdaşen: Yurduna ve milletine neşe ve mutluluk getiren.

Yusuf: Eklenecek, ilave edilecek. Hz. Yakup'un (a.s.) oğlu. Kur'anda adı geçen peygamber.

Yusun: Milletin örf ve adetlerinden çıkan hukuk. Bozkır yasası. Töre.

Yuşa: Bir Peygamber adı.

Yücel: Ulu ol, yüksel.

Yücelen: Yüksek, yüce bir duruma gelmek.

Yücesoy: Ulu, saygın soydan gelen kimse.

Yücetekin: Yüce, güvenilir, ulu, uğurlu kişi.

Yüksel: Bulunduğun yerden daha yücel. Yükseklere ulaş.

Yülek: Okların arkasındaki tüy. Ok tüyü, ok yeleği.

Yümni: Uğurlu, bereketli.

Yürekli: Cesur, yiğit, mert.

Y

Kız Adları

Yabangülü: Kırda yetişen yabani gül. Kuşburnunun çiçeği.

Yada: Yeşim taşı, yağmur taşı.

Yadigar: Hatıra.

Yağmur: Gökten düşen damlacıklar, sular.

Yakazan: Uyanıklık, dikkatli olma. Gözü açık olma. Tetikte bekleme.

Yalaz: Alev, şule.

Yalım: Cins, soy. Sarp, kayalık. Alev dili. Kesici aletin keskin yüzü.

Yalımay: Ayın alev gibi altın rengi ışık vermesi.

Yaprak: Bitkilerde ekseriya klorofilli, yeşil renkli, çeşitli şekil ve yapıda olan, solak almaya yarayan uzantı.

Yankı: Sesin bir yere çarpıp geri dönmesi.

Yasemin: Güzel kokulu bir süs bitkisi.

Yaşagül: Çok yaşa gül yüzlü gül. Yaşayan gül.

Yaşanur: Yaşayan nur.

Yaşın: Yıldırım, şimşek ve yağmurla beraber yanıp sönenler.

Yazgülü: Baharın ilk günü doğan.

Yegah: Türk müziğinin en eski makamlarından.

Yegane: Yalnız, tek, biricik, bir tane. Eşsiz.

Yegül: Ağırlığı az, hafif. Narin yapılı, zarif kadın.

Yekdane: Tek, eşi benzeri olmayan. Bir tane.

Yekpare: Bir parçadan oluşan, bütün. Tek parça.

Yelbike: Rüzgar gibi ruhlara süzülen kadın. Eli çabuk, çevik, hamarat.

Yelcan: Rüzgar gibi hızlı.

Yelda: Sonbahar mevsiminin son geceleri.

Yeliz: Yel gibi, hafif ve hızlı.

Yelmen: Telaşla giden, koşan.

Yenay: Yeni ay.

Yengi: Yeni, taze. Yenme, galip gelme.

Yeniay: Hilal.

Yersel: Yöresel, bir yere ait olan. Mahalli.

Yesaret: Zenginlik, kolaylık.

Yeşim: Değerli, yeşil veya pembe renkli taş.

Yeten: İhtiyacı karşılayacak kadar. Kafi olan.

Yeter: Son olması istenen çocuklara verilen ad. Sonuncu kız çocuğu. Kafi.

Yetişen: Ulaşan, kavuşan.

Yıldız: Güneş ve ay dışında, kendi kendine ışık saçan veya güneşten aldıkları ışığı yansıtan, gök cisimlerinin her biri.

Yonca: Yapraklı bir çeşit yem bitkisi.

Yosma: Evlenecek çağa gelmiş olan kız.

Yudum: Bir kerede yutulan şey.

Yurdaay: Yurdu aydınlatan ay.

Yurdagül: Yurda iyilikler getiren gül yüzlü.

Yurdahan: Yurduna baş olan kimse, hükümdar.

Yurdaışık: Bilgisi ve erdemi ile yurduna ışık saçan, milletine yol gösteren.

Yurdanur: Yurdu, vatanı için nur saçan.

Yuradşen: Yurdunun yüzünü güldüren.

Yurdusev: Ülkeni, yurdunu sev.

Yücelen: Yükselen.

Yümniye: Uğura kadar, uğurla ilgili.

Z

Erkek Adları

Zade: Doğru, dürüst adam, oğul, evlat. Doğmuş.

Zafer: Galip gelme, üstün gelme.

Zafir: Galip gelen, zafer kazanan.

Zahit: Dindar, dinine düşkün kişi.

Zahir: Tabii, şüphesiz, belli, açık. Bir şeyin dış yüzü. Allah'ın sıfatlarından.

Zaid: Arttıran, artan. Çoğalan, çoğaltan.

Zail: Geçen, geçici sürekli olmayan, tükenen. Ortadan kalkan.

Zaim: Varlıklı, lider, önder.

Zakir: Allah'ı zikreden.

Zalif: Çok hor, çok hakir.

Zarif: İnce, hoş, yakışıklı.

Zarir: Kaba, sert yapılı. Muhkem yer.

Zati: Cevher. Asla ait. Kişiye özgü, özel, kendisine ait. Şahsi.

Zebih: Kesilmiş veya kesilecek kurban.

Zeccac: Cam ve sırça işleri yapan zanaatkar.

Zefif: Çabuk davranan, çevik, atik olan.

Zekai: Keskin zekalı, çabuk kavrayan.

Zekeriya: Allah'ın hatırladığı kişi. Erkek adam. Kur'anda adı geçen peygamber.

Zeki: Akıllı, kavrayışlı.

Zerabi: İftihar eden, övünen.

Zerir: Zeki, hafif kimse.

Zerka: Gök mavisi, mavi, gök renkli.

Zerr: Karınca yumurtası. Meşhur bir sahabenin adı (Ebu Zerr el-Gıfari).

Zevad: Azıklar, yiyecekler.

Zevahir: Parlak, yıldızlar.

Zeval: Yerinden gitme, ayrılma, sona erme, bitiş.

Zevrak: Kayık, kayık teknesine benzeyen. Zemzem şişesi. İçine çiçek konan şişe.

Zevvak: Bir şeyin farkına varma. Fazla tadan. Defalarca deneyen.

Zeycan: Samimi, candan davranan, cana yakın.

Zeyd: Ziyadeleşmek, çoğalmak, artmak.

Zeyneddin: Dinin süsü, güzelliği.

Zeynel: Süs, ziynet.

Zeynabidin: Allah'a kulluk edenlerin güzeli.

Zeyni: Süsle ilgili.

Zeynullah: Allah'ın ziyneti, süsü.

Zeyrek: Akıllı, zeki, usta. Anlayışlı, uyanık.

Zeyyat: Zeytinyağı üreten, satan.

Zihni: Akıllı, kavrayışlı.

Zikri: Zikreden.

Zişan: Şanı, ünü çok tanınmış, herkesçe bilinen.

Ziver: Süs. Bezek, ziynet.

Ziverbey: Süslü kimse.

Ziya: Işık, aydınlık.

Ziyat: Çokluk. Arttıran.

Ziyaettin: Dinin ışığı, nuru.

Zuhur: Görünme, meydana gelme, baş gösterme.

Zuhuri: Kendiliğinden meydana çıkan. Galip olan.

Zübeyr: Yazılı belge.

Zühtü: Dünya zevklerinden el etek çeken.

Züheyr: Küçük çiçek.

Zühtü: Dindar, yasaklaradn kaçınıp buyrukları yapan kimse. Takva ehli.

Zülal: Tatlı ve soğuk su.

Zülfi: Kılıcın kabzasına iliştirilen süs.

Zülfikar: Çatal ağızlı kılıç. (Hz. Ali'nin kılıcının adı).

Zülkarneyn: İki boynuzlu. Cihangir.

Zülkif: Makam sahibi. Allah'ın ihsanına mazhar olan kişi.

Zümer: Zümreler, gruplar.

Z

Kız Adları

Zacire: Mani olan, alıkoyan, yasak eden, zorlayan.

Zafair: Örülmüş saçlar.

Zafire: Kapı perdesi.

Zahara: Ev eşyası.

Zahide: Dinine bağlı olan.

Zahire: Parlak, görünen.

Zaide: Arttıran.

Zaika: Tatma, tad alma, tad duyucu.

Zaime: Varlıklı, önder hanım.

Zakire: Andıran, hatırlatan, hatıra getiren. Zikreden, zikredici, çok okuyan.

Zambak: İri çiçekli, süs bitkisi.

Zamire: Gönülde olan vicdan. İçte olan batın.

Zarafet: Zariflik. İncelik.

Zarife: İnce, güzel, zarif.

Zatiye: Özel kişiye ait, özü cevhere, kendine özgü. Zata mahsus.

Zatinur: Nurlu, aydınlık kişi.

Zayice: Yıldızların belli vakitlerdeki yerlerini gösteren cetvel.

Zebiha: Kesilmiş, boğazlanmış. Kesilecek kurban.

Zebercet: Zümrüte benzer kıymetli yeşil renkli taş.

Zehra: Beyaz ve parlak yüzlü.

Zehre: Süslü, bezenmiş. Çiçek.

Zekavet: Kavrama, çabuk anlama. Zeka.

Zekiye: Anlayışlı.

Zekire: Aklında kalan, unutmayan. Zekası güçlü.

Zeliha: Bkz. Züleyha.

Zemzem: Kabe'nin yakınından çıkan suyun adı.

Zeren: Zeki, akıllı, çabuk kavrayan, anlayışlı. Feraset sahibi.

Zerengül: Altın gül.

Zerhanım: Altın hanım. Altın yürekli hanım.

Zeria: Bahane, vesile. Sebep.

Zerin: Altın gibi parlak, altına benzer.

Zernigar: Altın yaldızlı, altınla bezenmiş.

Zernişan: Altın nişanlı. Altınla işaretlenmiş.

Zerrin: Altın, altın gibi sarı.

Zevkan: Zevk sahibi, zevkli.

Zevcan: Samimiyeti, içtenliği ile tanınan, sevecen.

Zeynep: Süs, ziynet. Gül. Güzel kokular saçan.

Zeyniye: Süslü.

Zeynur: Nurlu, parlak, ışıklı, nur sahibi, mutlu.

Zeyyal: Uzun etekli, kuyruklu.

Zeyyan: Süsler, ışıltılar, pırıltılar.

Zılale: Gölgelik. Gölge yapan. Gölge yapması için kullanılan.

Ziba: Güzel, süslü.

Zibaru: Güzel yüzlü, güzel kadın.

Zibaver: Süsleyici, bezeyici.

Zihbe: Yağmur damlası.

Zihniye: Akıllı, kavrayışlı.

Zinnur: Nurlu, ışıklı, parlak. Nur sahibi.

Zinnure: Nurlu, ışıklı.

Ziraye: Hışım etmek, hiddetlenmek.

Ziyare: Meşhur, şöhretli.

Zişan: Şanlı, şerefli. Bir çeşit lale.

Ziynet: Süs, takı, bezek.

Ziyneti: Süs ile, bezeme ile ilgili.

Zuhal: Saturn gezegeni.

Zuhruf: Yaldız, yapmacık süs, gösteriş.

Zurafa: Zarifler, hoş, tatlı kimseler.

Zöhre: Zühre'nin halk dilinde söylenişi.

Zübeyde: En seçkin.

Zühdiye: Dünya zevklerinden elini çekmiş, kendini ibadete vermiş kişi.

Zühre: Venüs gezegeni.

Züleyha: Hızlı yürüyen. Su perisi. Hazreti Yusuf'un hanımı.

Zülfe: Küçük saç püskül.

Zülfibar: Saçılmış, dağıtılmış saç.

Zülfiyar: Sevgilinin saçı.

Zülfiye: Saçında zülüfleri olan.

Zülfizar: Ağlayan.

Zümra: İyi ahlaklı, güzel kadın.

Zümrüt: Yeşil renkli, değerli bir taş.

Zürare: Saçılan şey, saçıntı.

Züveyza: Kısa boylu.